高等学校规划教材

# 监控组态软件及其应用技术

曾庆波　孙　华　周卫宏　编著

哈尔滨工业大学出版社

## 内 容 简 介

监控组态软件是完成数据采集与过程控制的专用软件,它以计算机为基本工具,为实施数据采集、过程监控、生产控制提供了基础平台和开发环境。

PCAuto 3.1 是优秀的监控组态软件之一,它功能强大、使用方便,其预设置的各种软件模块可以非常容易地实现监控层的各项功能,并可向控制层和管理层提供软、硬件的全部接口。使用 PCAuto 3.1 可以方便、快速地进行系统集成,构造不同需求的数据采集与监控系统。

本书以监控组态软件 PCAuto 3.1 为背景,从使用角度出发,以工程示例的方式对PCAuto 3.1的各项功能、使用方法及组态过程进行介绍。

本书体系合理、层次清楚、示例丰富并且实用,可作为高等学校计算机应用、自动控制、电子技术专业的教材,同时还可作为相关专业工程技术人员的自学用书。

**图书在版编目(CIP)数据**

监控组态软件及其应用技术/曾庆波,孙华,周卫宏编著.
—2 版.—哈尔滨:哈尔滨工业大学出版社,2010.3(2021.8 重印)
ISBN 978 - 7 - 5603 - 2125 - 7

Ⅰ.①监… Ⅱ.①曾…②孙…③周… Ⅲ.①过程控制
软件,PCAuto Ⅳ.①TP317

中国版本图书馆 CIP 数据核字(2009)第 239853 号

责任编辑 张秀华 李广鑫
封面设计 卞秉利
出版发行 哈尔滨工业大学出版社
社 址 哈尔滨市南岗区复华四道街 10 号 邮编 150006
传 真 0451 - 86414749
网 址 http://hitpress.hit.edu.cn
印 刷 哈尔滨市工大节能印刷厂
开 本 787mm×1092mm 1/16 印张 15 字数 350 千字
版 次 2010 年 3 月第 2 版 2021 年 8 月第 6 次印刷
书 号 ISBN 978 - 7 - 5603 - 2125 - 7
定 价 30.00 元

(如因印装质量问题影响阅读,我社负责调换)

# 前　言

进入21世纪,科技的发展更为迅猛,新型的工业自动控制系统正以标准的工业计算机软、硬件平台构成的集成系统取代传统的封闭式系统,它具有开放性好、易于扩展、经济、开发周期短等优点。通常可以把这样的系统划分为控制层、监控层和管理层3个层次结构,其中监控层对下连接控制层,对上连接管理层,它不但实现对现场的实时监控,而且还要在自动控制系统中承载着上传下达、组态开发的重要作用。作为监控层的灵魂,监控组态软件具有远程监控、数据采集、数据分析、过程控制等强大功能,在自动化系统中占据主要的位置,已经成为自动化系统的桥梁和纽带。

目前,自动化产品呈现出智能化、小型化、网络化的发展趋势,并且逐渐形成了各种标准的网络结构、硬件规范,这使得自动化系统的"水平"和"垂直"集成变得更加容易。同时对自动化工程技术人员也提出了新的要求,那就是充分利用市场上功能完善、合乎工业标准和规范的工控产品,选择使用方便、功能齐全、性能价格比高的监控组态软件,快速地进行系统集成、构造符合要求的数据采集与监控系统。本书介绍的监控组态软件PCAuto 3.1正是自动化工程人员进行系统集成的首选开发工具。读者可到 http://www.sunwayland.com.cn网站免费下载 PCAuto 3.1。

PCAuto 3.1的应用范围广泛,可用于开发石油、化工、半导体、汽车、电力、机械、冶金、交通、建筑、食品、医药、环保等多个行业和领域的工业自动化、过程控制、管理监测、工业现场监视、远程监视/远程诊断、企业管理/资料计划等系统。

全书共12章,可分为4个部分。其中,第1部分由第1章至第7章组成,介绍监控组态软件的基本功能,也是核心部分,内容包括概述、开发系统、实时数据库系统、动画连接、动作脚本、运行系统、标准图形对象的组态及应用;第2部分由第8章至第10章组成,这部分介绍监控组态软件的扩展功能,内容包括控件、分布式应用、外部通信;第3部分即第11章,介绍监控组态软件的控制功能;第4部分即第12章,介绍了两个典型应用示例。本书第2、9、10、11、12章及附录由曾庆波编写;第3、4、5、6章由孙华编写;第1、7、8章由周卫宏编写。全书由曾庆波定稿。

在本书的编写过程中,北京三维力控科技有限公司提供了大量的资料和软件,作者在此表示衷心的感谢。

由于水平有限,书中定有不足之处,恳请读者提出宝贵意见,以便修正。

编　者

2004年11月

在本书再次印刷之际,特向读者说明本书有电子版软件,如需要者请与出版社联系。

电话:0451 – 86414559　　　联系人:张秀华

# 目　录

# 第1章　概　　述

## 1.1　组态软件的概念

组态的概念最早来自英文 configuration,含义是使用软件工具对计算机及软件的各种资源进行配置,使计算机或软件按照预先设置,达到自动执行特定任务、满足使用者要求的目的。

组态软件是完成数据采集与过程控制的专用软件,它以计算机为基本工具,为实施数据采集、过程监控、生产控制提供了基础平台和开发环境。组态软件功能强大,使用方便,其预设置的各种软件模块可以非常容易地实现监控层的各项功能,并可向控制层和管理层提供软、硬件的全部接口,使用组态软件可以方便、快速地进行系统集成,构造不同需求的数据采集与监控系统。

## 1.2　力控监控组态软件 PCAuto 3.1 简介

计算机控制系统通常可以分为设备层、控制层、监控层、管理层 4 个层次结构,构成一个分布式的工业网络控制系统。其中,设备层负责将物理信号转换成数字或标准的模拟信号;控制层负责完成对现场工艺过程的实时监测与控制;监控层通过对多个控制设备的集中管理,来完成监控生产运行过程的目的;管理层对生产数据进行管理、统计和查询。监控组态软件一般是位于监控层的专用软件,负责对下集中管理控制层,向上连接管理层,是企业生产信息化的重要组成部分。

PCAuto 3.1 是北京三维力控科技有限公司"管控一体化解决之道"产品线的总称,是对现场生产数据进行采集与过程控制的专用软件,最大的特点是有灵活多样的"组态方式"。它不是以编程方式来进行系统集成,它提供了良好的用户开发界面和简捷的工程实现方法,只要将其预设置的各种软件模块进行简单的"组态",便可以非常容易地实现监控层的各项功能,缩短了自动化工程师的系统集成时间,大大地提高了集成效率。

PCAuto 3.1 在自动控制系统监控层一级的软件平台上,它能同时和国内外各种工业控制厂家的设备进行网络通信,可以与高可靠的工控计算机和网络系统结合,这样便可以达到集中管理和监控的目的,同时还可以方便地向控制层和管理层提供软、硬件的全部接口,实现与第三方的软、硬件系统进行集成。

PCAuto 3.1 是运行在 Windows 98/NT/2000/XP 操作系统上的一种监控组态软件。它应用范围广泛,可用于开发石油、化工、半导体、汽车、电力、机械、冶金、交通、建筑、食品、医药、环保等多个行业和领域的工业自动化、过程控制、管理监测、工业现场监视、远程监视/远程诊断、企业管理/资源计划等系统。

人们还习惯将 PCAuto 3.1 称为"力控",所以本书以下所说的"力控"指的就是 PCAuto 3.1。

# 1.3 力控组态软件的组成

力控组态软件由以下几部分组成:

(1) 工程管理器

工程管理器用于创建、删除、备份、恢复、选择、管理当前工程等。

用力控开发的每个应用系统称为一个应用工程,每个工程都必须在一个独立的目录中保存、运行,不同的工程不能使用同一目录,这个目录被称为工程路径。在每个工程路径中,保存着力控生成的组态文件,这些文件不能被手动修改或删除。

(2) 开发系统(Draw)

开发系统是一个集成环境,可以创建工程画面、配置各种系统参数、启动力控其他程序组件等。

(3) 界面运行系统(View)

界面运行系统用来运行由开发系统 Draw 创建的画面、脚本、动画连接等工程。

(4) 实时数据库(DB)

实时数据库是力控软件系统的数据处理核心,构建分布式应用系统的基础。它负责实时数据处理、历史数据存储、统计数据处理、报警处理、数据服务请求处理等。

(5) I/O 驱动程序(I/O Server)

I/O 驱动程序负责力控与 I/O 设备的通信。它将 I/O 设备寄存器中的数据读出后,传送到力控的数据库,然后在界面运行系统的画面上动态显示。

(6) 网络通信程序(NetClient/NetServer)

网络通信程序采用 TCP/IP 通信协议,可利用 Intranet/Internet 实现不同网络结点上力控之间的数据通信。

(7) 通信程序(PortServer)

通信程序支持串口、电台、拨号、移动网络通信。通过力控在两台计算机之间使用 RS232C 接口,可实现一对一(1:1 方式)的通信;如果使用 RS485 总线,还可实现一对多(1:N 方式)的通信,同时也可以通过电台、MODEM、移动网络的方式进行通信。

(8) Web 服务器程序(Web Server)

Web 服务器程序可为处在世界各地的远程用户实现在台式机或便携机上用标准浏览器实时监控现场生产的过程。

(9) 控制策略生成器(Strategy Builder)

控制策略生成器是面向控制的新一代软件逻辑自动化控制软件,采用符合 IEC1131-3 标准的图形化编程方式,提供包括变量、数学运算、逻辑功能、程序控制、常规功能、控制回路、数字点处理等在内的十几类基本运算块,内置常规 PID、比值控制、开关控制、斜坡控制等丰富的控制算法。同时提供开放的算法接口,可以嵌入用户自己的控制程序。控制策略生成器与力控的其他程序组件可以无缝连接。

# 1.4　力控的特点及功能

## 1.4.1　力控实时数据库

**1.数据库特点**

① 实时数据库是力控的数据服务器,是整个 SCADA 系统的核心。它不但负责处理 I/O 服务器采集的数据,同时也作为网络服务器的核心,充当历史数据服务器、报警数据服务器、时钟服务器。

② 实时数据库支持多层网络冗余,支持报警、历史数据和网络时钟的同步。在双机冗余基础上,其他网络节点自动跟踪冗余主/从机的切换。各个网络节点不仅可以监视,还能够进行控制。

③ 实时数据库与人机界面(HMI)是分离的。

④ 实时数据库可以作为标准的 Server 供远程客户访问。

⑤ 网络各个主站之间可用串口、以太网、拨号、电台、GPRS、CDMA 等方式互连。

⑥ 实时数据库的历史数据可以根据需要按时间导出到 ODBC 关系数据库内。

**2.数据库的基本功能**

① 进行输入处理,包括量程变换、非线性数据处理等。

② 报警的检查和处理。

③ 进行输出处理。

④ 历史数据存储、检索。

⑤ 常规运算(算术运算、流量累计、温压补偿、自定义算法)。

⑥ PID 调节控制算法。

⑦ 内部/外部数据连接。

⑧ 执行触发事件。

⑨ 用户管理。

⑩ 采集监控。

⑪ 输出缓存(异步输出)。

**3.数据库组件**

① ODBC 双向转储组件。

② GSM 短信管理组件:完善的报警短信管理,能够针对不同级别的用户发送不同的短信。

③ PortServer 数据转发组件:支持串口、网络、MODEM、GPRS 等方式将数据转发到上一级网络。

④ NetServer 组件:专用的网络数据服务器组件,构成分布式应用的核心。

⑤ DBCOM 组件:标准的 ActiveX 控件,允许第三方开发工具来访问数据库,支持网络访问。

⑥ SoftPLC 组件:构筑 PC 控制的灵魂,是控制工程师的好工具。

⑦ OPC/DDE Server:标准的数据服务器。

**4.分布式智能 I/O Server**

① 可以和 HMI、实时数据库分离,充当通信管理服务器。

② 串口通信支持 RS232、RS422、RS485 和多串口设备,并支持无线电台、电话拨号、电话轮巡拨号等方式。

③ 以太网设备驱动同时支持有线以太网和无线以太网。

④ 所有设备驱动均支持 GPRS、CDMA、GSM 网络。

⑤ 可以动态打开、关闭设备,并具备自动恢复功能。

⑥ 可以采集带时间戳的数据,实现历史数据向实时数据库的回插功能。可以采集记录仪、录波器数据,完成事件监视。

⑦ 作为 DDE 和 OPC 的客户端。

⑧ 免费提供 SDK 开发包,I/O Server 内含串口调试工具。

⑨ 毫秒级数据采集速率和支持 SOE。

⑩ 支持电力 DLT、CDT、IEC60870 – 5 – 101/103 规约。

## 1.4.2 力控 HMI 组件

**1.开发系统特点**

① 支持 Windows 98/NT/2000/XP 等操作系统。

② 采用面向对象的设计。

③ 集成化的开发环境,力控优化设计的图库,提供丰富的子图和子图精灵,任意拖拽不变形,使用户的工程画面精益求精。

④ 支持用户自定义菜单,包括窗口弹出式菜单和各个图形对象上的右键菜单。配合脚本程序与自定义菜单,可以实现更为灵活与复杂的人机交互过程。

⑤ 内置多种打印函数,可根据画面的大小任意设置打印范围。

⑥ 动作脚本类型和触发方式多样,支持数组运算和循环控制。

⑦ 强大的项目管理功能,制作运行包功能更加完善。

**2.图形控件**

① 总貌是对实时数据库某一区域某个单元中所有点的信息的集中显示,可以用脚本程序控制总貌对象所属的区域号、单元号、子单元号和组号,实现一个总貌对象显示全部区域中的所有数据。

② 分布式报警控件:直接访问网络上分布实时数据库的网络报警。

③ 力控的内置式"万能报表",像 Excel 等电子表格一样,可以任意设置报表格式。丰富的报表函数,能实现各种运算、数据转换、统计分析、报表打印等功能。万能报表可以显示任意实时数据库和任意时刻的历史数据,形成实时报表、历史报表或格式更为复杂的报表。

④ 实时关系数据查询,建立在关系查询之上的实时数据库,不需安装其他商业数据

库就可以完成实时/历史数据的查询、检索并生成报表。

⑤ X – Y 曲线控件。

⑥ 温度控制曲线控件。

⑦ 视频播放控件。

⑧ 手机短信发送控件等。

**3.开放性**

① 力控的 ODBCGate 支持历史和实时数据双向获取,支持 SQL、Server、Sybase、Oracle、Excel、Access 等关系数据库。

② 提供子图精灵开发工具,用户可以方便地生成自己的图库。

### 1.4.3　力控控制策略生成器

① 力控控制策略生成器的原理源于 SoftPLC 的思想,是 PC 控制的灵魂。

② 采用符合 IEC1131 – 3 标准的图形化编程方式,提供功能块图的编程方式,控制方案更加直观易读。

③ 提供开放的算法编程接口,可以嵌入用户自己的控制程序,完成各种优化控制、APC 等高级控制功能。

④ 力控控制策略生成器直接支持双机热备。

### 1.4.4　力控的 Web

① 力控的 Web 功能因为发布的画面数量、客户端数量不受限制而成为用户关注的亮点。

② 力控于 1999 年开发的 Web Server,成为国内第一个具有 Internet 功能的监控组态软件。

③ 标准瘦客户端应用,客户端只需要用标准的浏览器,在客户端只发送鼠标和键盘动作事件。

④ 服务器的所有应用都可以发布,客户端只调用远程画面。

⑤ 具有断线重连功能,减少维护量。

⑥ 具有多重口令验证,隐私数据受保护。

⑦ Web 发布的画面数量不受限制,最多实例超过 1 000 幅。

⑧ Web 客户端不受限制,最多实例超过 300 幅。

⑨ Web 服务器的设置方式:固定 IP(包括局域网和广域网)、域名解析。

⑩ 客户端访问 Web 服务器的方式:建立连接(局域网或电话拨号)后直接打开服务器地址。

# 1.5　使用组态软件的一般步骤

组态软件通过 I/O 驱动程序从现场 I/O 设备获取实时数据,对数据进行必要的加工后,一方面以图形方式直观地显示在计算机屏幕上;另一方面按照组态要求和操作人员的指令,将控制数据传送给 I/O 设备,对执行机构实施控制或调整控制参数。

对已经组态历史趋势的变量存储历史数据,对历史数据检索请求给予响应。当发生报警时及时将报警以声音、图像的方式通知操作人员,并记录报警的历史信息,以备检索。

实时数据库是组态软件的核心和引擎,历史数据的存储与检索、报警处理与存储、数据运算处理、数据库冗余控制、I/O 数据连接都是由实时数据库系统完成的。图形界面系统、I/O 驱动程序等组件以实时数据库为核心,通过高效的内部协议相互通信,共享数据。

使用组态软件的一般步骤如下:

① 将所有 I/O 点的参数收集齐全,并填写表格,以备在监控组态软件和 PLC 上组态时使用,其参考格式(分别对应模拟量和开关量信号)如表 1.1、表 1.2 所示。

表 1.1　模拟量 I/O 点的参数表

| I/O 位号名称 | 说明 | 工程单位 | 信号类型 | 量程上限 | 量程下限 | 报警上限 | 报警下限 | 是否做量程变换 | 裸数据上限 | 裸数据下限 | 变化率报警 | 偏差报警 | 正常值 | I/O 类型 |
|---|---|---|---|---|---|---|---|---|---|---|---|---|---|---|
| TI101 | 反应釜温度 | ℃ | K 型热偶 | 1 500 | 0 | 1 200 | 600 | 是 | 4 095 | 0 | 2℃/s | ±10℃ | 1 050 | 输入 |

表 1.2　开关量 I/O 点的参数表

| I/O 位号名称 | 说　明 | 正常状态 | 信号类型 | 逻辑极性 | 是否需要累计运行时间 | I/O 类型 |
|---|---|---|---|---|---|---|
| TI101 | 反应釜进料泵运转状态 | 启　动 | 干接点 | 正逻辑 | 是 | 输　入 |

② 明确所使用的 I/O 设备的生产商、种类、型号,使用的通信接口类型,采用的通信协议,以便在定义 I/O 设备时做出准确选择。

③ 将所有 I/O 点的 I/O 标识收集齐全,并填写表格。I/O 标识是惟一确定一个 I/O 点的关键字,组态软件通过向 I/O 设备发出 I/O 标识来请求其对应的数据。在大多数情况下,I/O 标识是 I/O 点的地址或位号名称。

④ 根据工艺过程绘制、设计画面结构和画面草图。

⑤ 按照第①步统计出的表格,建立实时数据库,正确组态各种变量参数。

⑥ 根据第①步和第③步的统计结果,在实时数据库中建立实时数据库变量与 I/O 点的一一对应关系,即定义数据连接。

⑦ 根据第④步的画面结构和画面草图,组态每一幅静态的操作画面(主要是绘图)。

⑧ 将操作画面的图形对象与实时数据库变量建立动画连接关系,规定动画属性和幅度。

⑨ 对组态内容进行分段和总体调试。

⑩ 系统投入运行。

# 1.6 仿真工程示例

本节通过一个简单例子介绍力控仿真工程的组态步骤。

**例 1.1** 力控仿真工程的组态步骤示例。

仿真工程简介：

(1) 假设的工艺设备

工艺设备包括一个存储罐、一个进液控制阀门和一个出液控制阀门，如图 1.1 所示，一台仿真 PLC 用于控制两个阀门的动作。

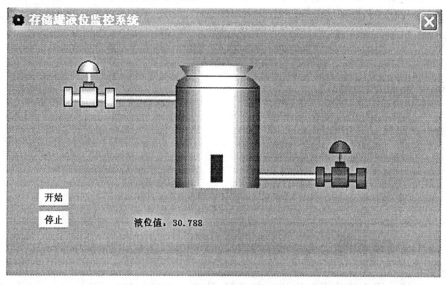

图 1.1 存储罐液位监控系统

(2) 工艺过程描述

从入口阀门不断地向一个存储罐内注入某种液体，当存储罐的液位达到一定值时，入口阀门要自动关闭，此时出口阀门自动打开，将存储罐内的液体排放到下游。当存储罐的液体将要排空时，出口阀门自动关闭，入口阀门打开，又开始向存储罐内注入液体。过程如此反复进行。

整个逻辑的控制过程都是用一台仿真 PLC(可编程控制器)来实现的，PLC 是力控的一个仿真软件，它除了采集存储罐的液位数据，还能判断什么时候应该打开或关闭哪一个阀门。力控除了要在计算机屏幕上看到整个系统的运行情况(如存储罐的液位变化和出入口阀门的开关状态变化等)，还要能实现控制整个系统的启动与停止。

(3) SIMULATOR 仪表仿真程序

SIMULATOR 是力控的 PLC 仿真程序，内嵌入逻辑算法，并且对数据通道做了如表 1.3 所示的规定。

表 1.3 STMULATOR 仪表仿真程序数据通道规定

| | |
|---|---|
| PLC 增量寄存器 1(模拟输入区)第 0 通道 | 对应油罐的液位 |
| PLC 的 DI 区域(数字输入区)第 0 通道 | 控制油罐的进油阀门 |
| PLC 的 DI 区域(数字输入区)第 1 通道 | 控制油罐的出油阀门 |
| PLC 的 DO 区域(数字输出区)第 0 通道 | 启动/停止 PLC 程序的开关 |

(4) 工程要完成的目标

① 创建一幅工艺流程图,图中包括一个油罐、一个进油阀门和一个出油阀门。

② 阀门根据开关状态改变颜色,开时为绿色,关时为红色。

③ 创建实时数据库,并与 PLC 进行数据连接,完成一幅工艺流程图的动态数据及动态棒图显示。

④ 用两个按钮实现启动和停止 PLC 工作。

组态步骤如下:

① 创建应用程序。

② 创建流程图画面。

③ 定义 I/O 设备。

④ 创建实时数据库。

⑤ 动画连接。

⑥ 运行应用程序。

⑦ 制作运行安装包。

⑧ 系统投入运行。

以上只给出了力控仿真工程的组态步骤,仿真工程的创建过程以及每一步骤的具体内容则在相应章节中介绍。

# 1.7　安装力控的软硬件要求

安装及运行力控时,建议用以下的硬件和软件配置:

① Pentium 100 以上的 IBM 微型机及其兼容机、工控机。

② 至少 64 M 内存(RAM)。

③ 至少 100 M 硬盘。

④ VGA 或 SVGA 的各种类型的显示器。

⑤ 并行打印口。

⑥ 标准鼠标和键盘。

⑦ Windows 98/NT/2000/XP 及其以上操作系统。

⑧ TCP/IP 网络通信协议。

# 1.8　力控软件使用

## 1.8.1　硬件锁

为保护版权,运行力控必须在并行打印口或者 USB 上安装一个硬件锁。力控运行时如果监测不到硬件锁,力控会警告提示,此时力控只能运行在演示方式下。硬件锁安装在计算机的并行打印口上,不会影响此口上打印机的正常工作,但建议打印口的缺省设置 EPP 方式。

**注意**:正确使用力控的硬件锁是非常重要的。如果并行打印口用于非打印的其他功能,一定要把硬件锁拔掉(不允许带电插拔),不要用已安装的力控硬件锁通过并行打印口进行磁带备份、文件传输或输入/输出控制,否则可能会毁坏硬件锁。另外,力控的硬件锁与其他硬件锁共同使用时,可能会无法正常工作。

## 1.8.2　软件授权

除了硬件锁加密方式,力控也支持软件授权的加密方式。系统在运行时,首先检测是否存在合法的硬件锁,如果没有安装合法的硬件锁,再继续检查是否经过合法的软件授权。

软件授权过程说明如下:

① 用户首先在 PC 机上安装力控软件,开始菜单内出现授权程序一项,里面提示本地标识码。

② 通过电话、FAX 或 Internet 将标识码信息传给三维力控,并由其根据标识码提供相应的"授权文件",如果授权成功,系统出现提示对话框:"您已经被成功授权"。

**注意**:对于软件授权方式,当更换 PC 机或者授权后的 PC 机重新安装了 Windows 系统,旧的"授权码"就会失效,需要重新进行授权。

# 1.9　工程文件说明

力控组态生成的数据文件及应用目录说明如下:

应用路径 \ doc:存放画面组态数据。

应用路径 \ logic:存放控制策略组态数据。

应用路径 \ http:存放要在 Web 上发布的画面及有关数据。

应用路径 \ sql:存放组态的 SQL 连接信息。

应用路径 \ recipe:存放配方组态数据。

应用路径 \ sys:存放所有脚本动作、中间变量、系统配置信息。

应用路径 \ db:存放数据库组态信息,包括点名列表、报警和趋势的组态信息、数据连接信息等。

应用路径 \ menu:存放自定义菜单组态数据。

应用路径 \ bmp:存放应用中使用的 . bmp、. jpg、. gif 等图片。

应用路径 \ db \ dat:存放历史数据文件(关于力控系统运行时生成的数据文件及目录说明)。

## 习　　题

1.1　组态的含义是什么?

1.2　组态软件的概念及用途是什么?

1.3　力控组态软件是由哪几部分组成的?

1.4　使用组态软件的一般步骤有哪些?

1.5　安装力控的软硬件有哪些要求?

# 第2章 开发系统

　　监控组态软件的开发系统(Draw)是一个集成开发环境,可以创建工程画面,配置各种系统参数,启动力控其他程序组件等。

## 2.1 开发环境

　　首先进入 Windows 桌面系统,双击 PCAuto 图标,进入力控"工程管理器",单击"增加新应用"按钮,创建一个新的应用程序目录。在"应用名"输入框输入要创建的应用程序名称。单击"开发系统"按钮,进入力控的开发环境 Draw,如图2.1所示。

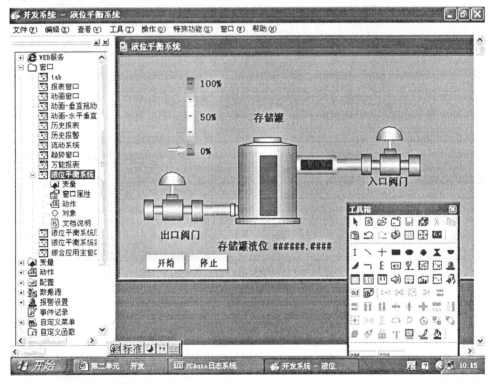

图2.1　开发环境

开发环境 Draw 的组成如下:

(1) 导航器

Draw 导航器采用分层的树型结构,通过导航器可以浏览窗口、变量、动作等力控对象,可以修改配置,启动实时数据库组态程序等。

（2）菜单栏

菜单栏共包括 8 个下拉式菜单，即"文件(F)"、"编辑(E)"、"查看(V)"、"工具(T)"、"操作(O)"、"特殊功能(S)"、"窗口(W)"、"帮助(H)"，单击其中一个菜单会弹出一个下拉菜单，其中含有若干命令。选择菜单上的命令，就可执行相应的操作。

（3）工具栏和工具箱

① 工具栏：它以图标的形式提供了常用的菜单命令。

② 工具箱：它提供了用于创建图形对象以及编辑图形的工具。这些工具以图标的形式排列在工具箱中。

（4）右键菜单

右键菜单是 Draw 提供的一个便捷工具。对于 Draw 中的许多对象(包括窗口对象和图形对象)，右键菜单中提供了设置对象属性及相关操作的各种命令。

（5）调色板

Draw 的调色板提供了一些标准颜色，用户也可以创建自定义颜色，并将自定义颜色装载在调色板上。

## 2.2　窗　　口

力控应用程序主要由窗口构成，各种图形均在窗口上显示。

设计人员在创建应用程序时，一个重要的内容就是制作工程画面，即用工具箱或工具栏提供的工具在窗口中绘制图形画面，描绘实际工艺流程，模拟工业现场和工控设备的过程，这样的工程画面称为"窗口"，即 HMI(人机界面)。操作人员通过"窗口"查看生产过程以及发出控制命令。

创建窗口的方法：

选择菜单命令"文件(F)/新建(N)"，弹出"窗口属性"对话框，如图 2.2 所示。

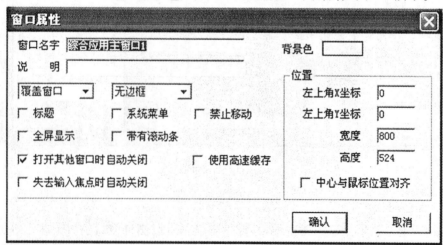

图 2.2　"窗口属性"对话框

通过"窗口属性"对话框，输入窗口名字，设置窗口背景色、类型、大小、位置及其他选项。

# 2.3 图 形 对 象

窗口的内容由一些图形构成,这些显示在窗口上的各种图形统称为图形对象。图形对象包括简单图形对象和复杂图形对象。

## 2.3.1 简单图形对象

Draw 有 4 种简单图形对象:线、填充体、文本和按钮,这些简单图形对象具有各种影响其外观的属性,这些属性包括线色、填充色、高度、宽度和方向等。将对象的属性值与变量或表达式相连,在应用程序运行期间对象的属性就会随变量或表达式的变化而变化。

例如,一个填充体的填充颜色与一个表达式相连,当表达式为真时,填充颜色为对应颜色;当表达式为假时,填充颜色为另一种颜色。

## 2.3.2 复杂图形对象

复杂图形对象或是由简单图形对象组合而成,或是为了完成特定功能而设计的组件、控件。

### 1.组

组由两个或两个以上的简单图形对象组成,作为整体进行操作。组的每个图形元素间都保持固定的位置关系。组的任一属性发生改变,都会影响到该组的所有元素对象,如尺寸、颜色、位置、方向等。

### 2.单元

一个单元可以是两个或两个以上的对象、组,或其他单元的集合。单元中的每个元素都有它自己的数据连接。单元主要用于生成虚拟设备,如游标调节器。

一旦把一组对象打成单元,那么其元素的属性(如颜色、尺寸等)及数据连接等不可改变。

### 3.标准图形

标准图形由力控系统提供,用于完成特定功能的复杂对象,标准图形包括趋势、事件、报警、图形模板、历史报表、总貌和子图等图形对象。标准图形的应用将在后续相应的章节中介绍。

# 2.4 设置图形对象属性

每种图形对象都有决定其外观的各种属性,例如,线有线宽、线色、线风格等属性。Draw 提供了一些工具对图形对象的属性进行设置。

每一类图形对象均有其相应的属性设置对话框。图形对象属性设置的快捷方法为:选中图形对象,然后单击鼠标,出现右键菜单,选择其中的"对象属性(A)"项,则出现相应的属性对话框。

力控可以为每个图形对象分配一个惟一的名称,并在动作脚本程序中引用这个对象的名称和属性。当创建一个图形后,系统并不自动为它分配名称,若要为一个图形对象定义名称,首先选中图形对象,然后单击鼠标,出现右键菜单,选择其中的"对象命名(N)"菜单项,出现"对象名称"对话框,在输入框内输入一个名称,然后单击"确定"按钮,图形名称就定义完毕。

对一个已定义了名称的图形对象,可以修改其名称。

几种特殊情况说明:

① 几个已经定义了名称的图形在形成"组"之后,原来定义的名称自动被删除。但可以为形成的"组"定义一个名称。

② 几个已经定义了名称的图形在形成"单元"之后,原来定义的名称仍保留。但不可以为形成的"单元"定义名称。

③ 复杂图形对象(如趋势、报警、OLE 控件等)也可以定义名称。

## 2.5  创建工程图画面

创建工程图画面就是用力控提供的各种图形化工具绘制图形画面,描绘实际工艺流程,模拟工业现场和工控设备等。

本节通过第 1 章的仿真工程示例"存储罐液位监控系统",介绍创建应用程序和工程图画面的方法及步骤。

**例 2.1**  仿真工程示例"存储罐液位监控系统"的工程图画面制作。

方法及步骤如下:

(1) 创建应用程序

① 启动力控工程管理器。双击 Windows 桌面上的 PCAuto 图标,进入力控"工程管理器",如图 2.3 所示。

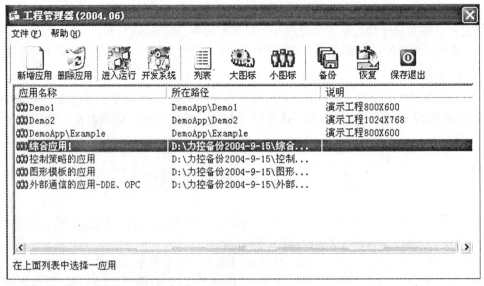

图 2.3  工程管理器

② 单击"新增应用"按钮,创建一个新的应用程序目录。

③ 在"应用名"输入框中输入要创建的应用程序名称。

④ 单击"开发系统"按钮,进入力控的开发环境 Draw,如图 2.4 所示。

图 2.4　开发环境

(2) 创建应用程序窗口

进入开发环境 Draw 后,选择菜单命令"文件(F)/新建(N)",弹出"窗口属性"对话框,如图 2.5 所示。

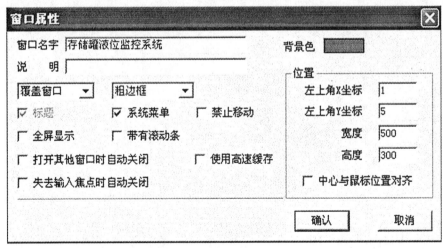

图 2.5　"窗口属性"对话框

输入画面的标题名称,这里命名为"存储罐液位监控系统"。单击按钮"背景色",出现调色板,选择其中的一种颜色作为窗口背景色。其他的选项可以使用缺省设置,最后单击

"确认"按钮退出对话框。

（3）创建工程图画面

① 创建一个存储罐。从工具箱中选择子图工具，出现子图列表，从中选择一个罐，如图 2.6 所示。然后双击所选择的罐，则在画面的左上角上出现一个罐。若要移动该罐的位置，只要把光标定位在罐上，拖动鼠标到合适位置即可；若要改变罐的大小，用鼠标拖动其边线修改罐的大小，若拖动鼠标到 392，则出现图 2.7 所示画面。

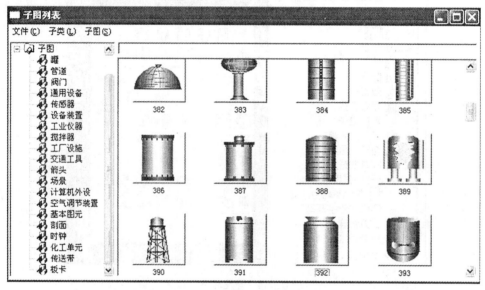

图 2.6　子图列表

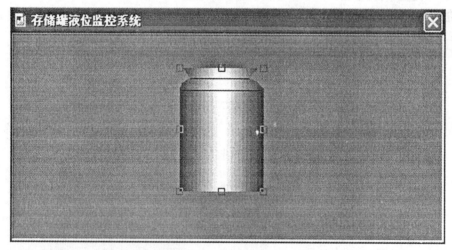

图 2.7　存储罐画面

② 创建入口阀门、出口阀门。选择工具箱中的子图工具，在子图列表中选择符合要求的阀门子图作为入口阀门，修改阀门的位置及大小。用相同的方法创建一个出口阀门。

③ 创建管线。选择工具箱中的"垂直/水平线"工具，在窗口上画两条管线。

④ 设置图形对象的属性。选择窗口中的一条管道，单击鼠标右键，出现右键菜单如

图 2.8 所示。选择其"对象属性(A)"菜单项,出现"改变线属性"对话框,如图 2.9 所示。选择立体风格,宽度改为 8,颜色选为灰色。选中另外一条管线,进行同样的修改。

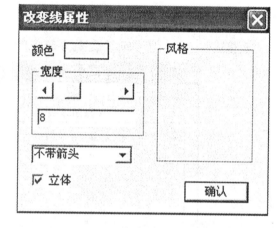

图 2.8  图形对象右键菜单　　　　　　　　图 2.9  "改变线属性"对话框

⑤ 创建文本。选择工具箱中的"文本"工具,在画面上显示两个液位的字符串"液位值"、"＃＃＃＃.＃＃"。其中"＃＃＃＃.＃＃＃"用来显示液位值,显示 3 位小数。

⑥ 创建矩形。选择工具箱中的"矩形"工具,画一个显示液位高度的矩形。

⑦ 创建按钮。选择工具箱中的"增强型按钮"工具,画两个按钮。按钮上有一个标志"Text"(文本),将其中一个按钮的文本设为"开始",另一个设为"停止"。

经过上述几个步骤,工程图画面就绘制完毕,如图 2.10 所示。剩下的工作在以后的章节中完成。

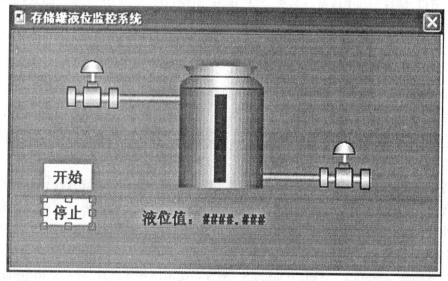

图 2.10  工程图画面

# 2.6　初始启动设置

在导航器的配置中,双击"初始启动设置",打开"初始启动设置"对话框,如图2.11所示。对话框中共有两个选项卡:初始启动窗口和初始启动程序。

## 2.6.1　"初始启动窗口"设置

当直接进入力控运行系统时,运行系统将自动打开指定的窗口,如图2.11所示。

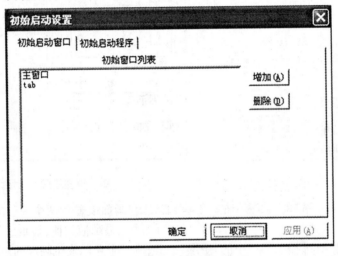

图2.11　"初始启动设置"对话框

设置方法:单击"增加(A)"按钮,出现"选择窗口"对话框,从中选一个或多个窗口,单击"确认"按钮返回,"选择窗口"对话框中增加了所选窗口的窗口名称。若要删除一个初始启动窗口,则首先选中该窗口名称,然后单击"删除(D)"按钮,所选窗口即从初始启动窗口中清除。

## 2.6.2　"初始启动程序"设置

当直接进入力控运行系统时,运行系统将自动启动所指定的应用程序库。

设置方法:单击"初始启动程序"选项卡,从"待选择的程序"列表框中选择一个I/O驱动程序后,单击"增加(A)"按钮,所选的I/O驱动程序的名称自动增加到"已指定的程序"列表框中。

若要设置除力控I/O驱动程序之外的其他应用程序作为初始启动程序,则双击"待选择的程序"列表框中的"…其他程序…"项,出现"打开"对话框,在对话中通过浏览选择一个可执行文件,然后单击"打开"按钮,所选的可执行程序的名称自动增加到"已指定的程序"列表框中。

若要删除一个已指定的初始启动程序,则首先选中该程序名称,然后单击"删除(D)"

按钮,所选的程序将自动从"已指定的程序"列表框中删除。

# 2.7 引入工程

当需要将已创建的力控应用程序的窗口、动作脚本、变量等内容复制到当前应用程序中时,可以使用引入工程功能。

使用引入工程功能时,窗口所属的全部对象、动作脚本和动画连接等内容会一起复制到当前应用程序中。

设置方法:选择菜单命令"文件(F)/ 引入工程",在出现的对话框中指定要引入的力控应用程序所在目录,单击"确定"按钮,出现"引入工程"对话框,如图 2.12 所示。在左侧窗口内选择要引入的项,双击操作,所选项即增加在右侧窗口内,当选定了所要引入的项后,单击"引入"按钮,系统开始自动拷贝相关内容。

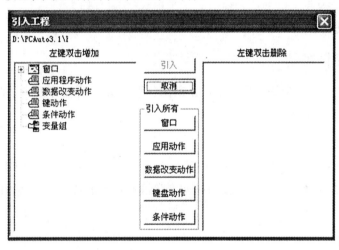

图 2.12 "引入工程"对话框

# 2.8 变 量

变量是力控 HMI(人机界面)部分的重要成员。力控 HMI 的运行系统 View 在运行时,工业现场的生产状况将实时地反映在变量的数值中,操作人员在计算机上发布的操作指令也是通过变量由界面传递给实时数据库,再由数据库传递到生产现场。变量也是 View 进行内部控制、运算的主要成员。

## 2.8.1 变量定义

若要定义一个新变量,操作步骤如下:

① 选择菜单命令"特殊功能(S)/定义变量",弹出"定义变量"对话框。

② 在"变量名"输入框中输入新的变量名。

③ 在"数据类型"下拉框中为变量选择一种数据类型。

④ 在"变量类别"下拉框中为变量选择一种变量类别。

⑤ 如果选定的变量类别是"数据库变量",还要指定数据库的"数据源"及具体点参数。

⑥ 输入定义变量所需要的其他信息。

⑦ 单击"确认"按钮保存输入内容。

### 2.8.2　数据类型

当定义变量时,必须指定其数据类型。力控有 4 种标准数据类型。

实型: $-2.2 \times 10^{308}$ 到 $18 \times 10^{308}$ 之间的 64 位双精度浮点数。

整型: $-2147283648$ 到 $2147283648$ 之间的 32 位长整数。

离散型:值为 0 或 1 的离散型数值。

字符型:长度为 32 位的字符型数值。

### 2.8.3　变量类别

变量类别决定了变量的作用域及数据来源(例如,如果要在界面中显示、访问数据库中的数据时,就需要使用数据库型变量)。

**1.窗口中间变量**

窗口中间变量作用域限于应用程序的一个窗口。在一个窗口内创建的窗口中间变量,在其他窗口是不可被引用的。窗口中间变量没有自己的数据源,通常在一个窗口内保存临时结果。

**2.中间变量**

中间变量的作用域范围为整个应用程序。一个中间变量在所有窗口中均可被引用,即在对某一窗口的控制动作中,对中间变量的修改将对其他引用此中间变量的窗口产生影响。中间变量是一种中间临时变量,它没有自己的数据源。中间变量适用于在整个应用程序中为全局性变量、需要全局引用的计算变量保存临时结果。中间变量不能保存历史趋势。

**3.数据库变量(DB 变量)**

当引用和处理 DB 数据时,需要创建 DB 型变量。一个 DB 型变量对应一个 DB 点参数。数据库变量的作用域为整个应用程序。

DB 变量的引用,实际上是数据库 DB 的点参数值的引用。例如,在液位控制系统应用中,引用"LV.PV",引用的是 LV 的参数值 PV。

**4.系统变量**

力控提供了一些预定义的中间变量,称为系统变量。每个系统变量均有明确的定义,可以完成特定功能。例如,若要显示当前时间,可以将系统变量" $ time"动画连接到一个字符串显示上。

### 2.8.4　搜索被引用变量和删除变量

已创建的变量若在动画连接、脚本程序或其他表达式中被引用,则称变量为被引用变量。需要注意的是,当要删除一个被引用变量时,不能直接删除,首先要找到引用此变量的动画连接和脚本程序,并对其进行直接修改以取消对变量的引用。对没有被引用的变量可以直接删除。

**1.搜索被引用变量**

选择 Draw 菜单命令"特殊功能(S)/变量引用导航",出现"选择变量"对话框,首先指定要搜索的变量所属的类别,然后选择一个变量,单击"搜索"按钮,经过一段时间的搜索后,出现"变量引用"对话框。对话框中被搜索的变量名称按树型结构排列显示,如果某一变量名称前的展开符号显示为" + ",表示此变量已被引用过,进一步展开,就可知该变量在何处被引用;如果某一变量名称前的展开符号显示为" – ",表示此变量没有被引用过。

**2.删除变量**

若要删除已创建变量,选择 Draw 菜单命令"特殊功能(S)/删除变量",出现"删除变量"对话框,在下拉框"变量类别"中选择要删除的变量类别,此时出现一个"Draw 应用程序"对话框,单击"是"按钮,系统开始搜索所选变量类别下的所有未被引用的变量。搜索完毕后,在"未引用变量"列表框中选择要删除的变量,然后单击"删除"按钮,所选变量即被删除。

## 习　　题

2.1　开发环境 Draw 由哪几部分组成?

2.2　说明下列基本概念:

① 窗口　　　　　　② 图形对象

③ 简单图形对象　　④ 复杂图形对象

⑤ 组　　　　　　　⑥ 单元

⑦ 标准图形

2.3　如何设置对象的属性?

2.4　创建习题图 2.1 所示的工程画面。

2.5　力控的变量有哪几种类别? 力控的数据类型有哪几种?

2.6　如何定义一个力控变量?

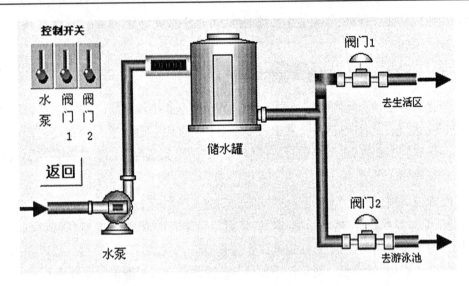

习题图 2.1　给水系统工程画面

# 第3章 实时数据库系统

力控的实时数据库系统是由实时数据库、实时数据库管理器、实时数据库运行系统和应用程序4部分组成的。

实时数据库(以下简称数据库)是指相关数据的集合(包括组态数据、实时数据、历史数据等),以一定的组织形式存储在介质上。

实时数据库管理器(DbManager)是管理实时数据库的软件,通过 DbManager 生成实时数据库的基础组态数据。

实时数据库运行系统完成对数据库的各种操作,包括实时数据处理、历史数据存储、报警处理、数据服务请求处理等。

应用程序包括力控应用程序和第三方应用程序。力控应用程序是指力控系统内部以力控实时数据库系统为核心的客户方程序,包括 HMI(人机界面)运行系统 View、I/O 驱动程序、控制策略生成器以及其他网络结点的力控数据库系统等;第三方应用程序是指力控系统之外的由第三方厂商开发的以力控实时数据库系统为处理核心的客户方程序,如DDE 应用程序、OPC 应用程序、通过力控实时数据库系统提供的 DbCom 控件访问力控实时数据库的应用程序等。

实时数据库系统是一个分布式数据库系统,在生产监控过程中,由于许多情况要求将数据库存储在不同位置的不同计算机上,通过计算机网络实现分散控制、集中管理,力控的分布式数据库系统可以方便地构成这种网络架构,同时由于数据库是一个开放性的结构,网络节点的第三方软件也可以对力控进行访问,如可通过 DbCom 控件访问力控数据库的应用程序。

## 3.1 基 本 概 念

### 3.1.1 点

在力控实时数据库中,一个点对应客观世界中的一个可被测量或控制的对象(也可以是一个"虚拟"对象)。例如,某个容器的温度可以作为一个测量对象而成为数据库中的一个点,被测对象由温度传感器测量,其值被周期性地采样,并写入数据库。

一个点存在多个属性,以参数的形式出现,所以又称点的属性为点参数。

一个点由若干参数组成,在数据库中,系统是以点(TAG)为单位存放各种信息的。点存放在实时数据库的点名字典中。实时数据库根据点名字典决定数据库的结构,分配数据库的存储空间。用户在点类型组态时决定点的结构,在点组态时定义点名字典中的点。

力控实时数据库系统提供了一些系统预先定义的标准点参数,如 PV、NAME、DESC等;用户也可以创建自定义点参数。

用户对一个点的引用,实际上是对该点的具体某一参数的引用,同样,对一个参数值的引用也必须明确指定其所属点的名称。对点及参数的引用形式为:点名.参数名。

一个点可以包含任意多个用户自定义的参数,也可以只包含标准点参数。

### 3.1.2　点类型

因为点的结构是由参数组成的,所以不同参数的组合就形成了不同类型的点。点类型是完成特定功能的一类点。力控实时数据库系统提供若干预先定义的标准点参数,如模拟 I/O 点、数字 I/O 点、累计点、控制点、运算点等;用户也可以创建自定义点类型。

### 3.1.3　区　域

区域是根据生产装置运行的特点将一个生产工艺过程分成几部分,设计时,用户可以将各部分装置的数据划分在不同的区域内,也可以针对一个工厂级数据来进行管理。例如,化工厂的反应工段、公用工程工段,炼油厂的催化裂化工段等,就可以分在不同的区域内。每个力控数据库系统可以支持多达 31 个区域。

### 3.1.4　单　元

单元通常是把与一个工艺设备或完成一个工艺目标的几个相连设备有关的点集合在一起,例如,一个反应器、锅炉(包括汽包等)等设备上的监控点都可以分配到一个单元内。力控的许多标准画面都是以单元为基础操作的,如总貌画面就可以按照单元分别或集中显示点的测量值。每个点都必须且只能分配给一个单元。

### 3.1.5　本地数据库

本地数据库是指在当前的工作站内安装的力控数据库,它是相对网络数据库而言的。

### 3.1.6　网络数据库

相对当前的工作站,安装在其他网络结点上的力控数据库就是网络数据库,它是相对本地数据库而言的。

### 3.1.7　数据连接

数据连接是确定点参数值的数据来源的过程,力控数据库正是通过数据连接,建立与其他应用程序(如 I/O 驱动程序、DDE 应用程序、OPC 应用程序、网络数据库等)的通信、数据交互过程。

数据连接分为以下几种类型:

(1) I/O 设备连接

I/O 设备连接是确定数据来源于 I/O 设备的过程。I/O 设备的一层含义是指在控制系统中完成数据采集与控制过程的物理设备,如可编程控制器(PLC)、智能模块、板卡、智能仪表等;I/O 设备的另一层含义是指在进行数据连接时,针对某一种物理 I/O 设备创建的逻辑设备。在力控中,DDE、OPC 应用程序也可以作为一种 I/O 设备看待(实际上,许多物理 I/O 设备正是通过 DDE 或 OPC 服务软件来实现对其设备的采集与控制)。当数据源为 DDE、OPC 应用程序时,对其数据连接过程与 I/O 设备相同。

(2) 网络数据库连接

网络数据库连接是确定数据来源于网络数据库的过程。

(3) 内部连接

内部连接是本地数据库内部同一点或不同点的各参数之间的数据传递过程,即一个参数的输出作为另一个参数的输入。

## 3.2 实时数据库管理器 DbManager

实时数据库管理器(DbManager)是管理实时数据库的软件,通过 DbManager 可以实现点参数组态、点类型组态、点组态、数据连接组态、历史数据组态等功能。

DbManager 是定义数据字典的工具。

在 Draw 导航器中双击"实时数据库"项使其展开,在展开项目中双击"数据库组态"项,启动 DbManager,如图 3.1 所示。

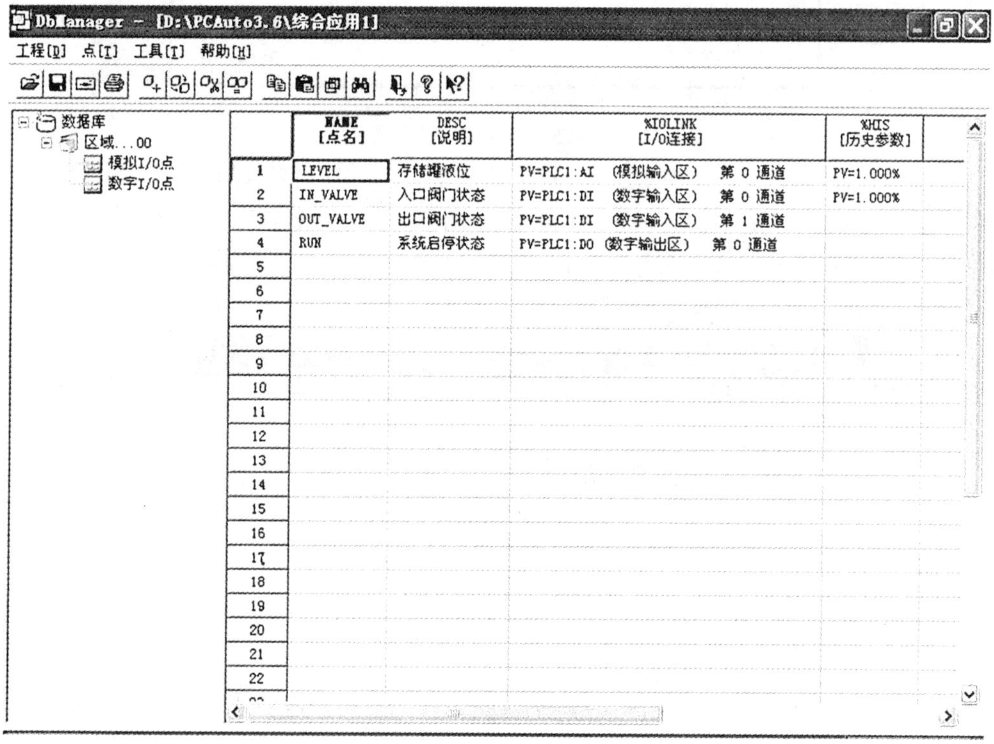

图 3.1 实时数据库管理器

## 3.3 点类型和点参数组态

力控实时数据库系统预定义了若干标准点参数,以及用这些标准点参数组成的各种标准点类型;用户也可以创建自定义的点类型和点参数。

### 3.3.1　创建用户自定义点类型

选择 DbManager 的菜单命令"点(T)/点类型",出现"点类型"对话框,如图 3.2 所示。对于标准点类型,不能增加或删除。

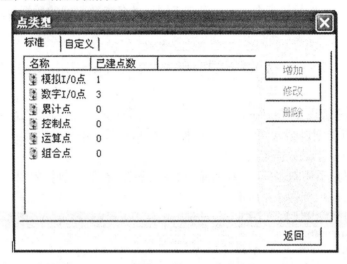

图 3.2　"点类型"对话框

若要创建自定义点类型,则选择自定义选项卡,然后单击"增加"按钮,出现"点类型组态"对话框,如图 3.3 所示,在"名称"一栏输入要创建的点类型名称。左边的"可选"列表框列出了可供选择的所有点参数。右边的"可选"列表框列出该点类型已有的点参数,其中点参数 NAME 和 KIND 为必选项。

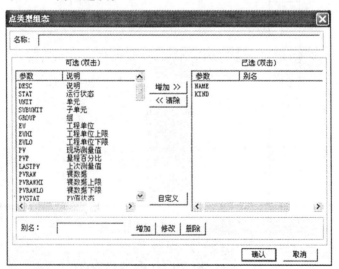

图 3.3　"点类型组态"对话框

若要为点类型增加一个参数,则在左侧列表框中选择一个参数,双击或选中后单击按钮"增加＞＞",这个参数就会自动增加到右侧列表框中,同时左侧列表框中不再显示这个参数。

若要为点类型删除一个参数，则在右侧列表框中选择一个参数，双击或选中后单击按钮“< <清除”，这个参数就会自动增加到左侧列表框中，同时右侧列表框中不再显示这个参数。

### 3.3.2　创建用户自定义点参数

选择 DbManager 的菜单命令“点(T)/点参数…”，出现“点参数”对话框，如图 3.4 所示。对话框中在标准和自定义选项卡中分别列出了标准点参数和自定义点参数。对于标准点参数，不能增加、修改和删除。

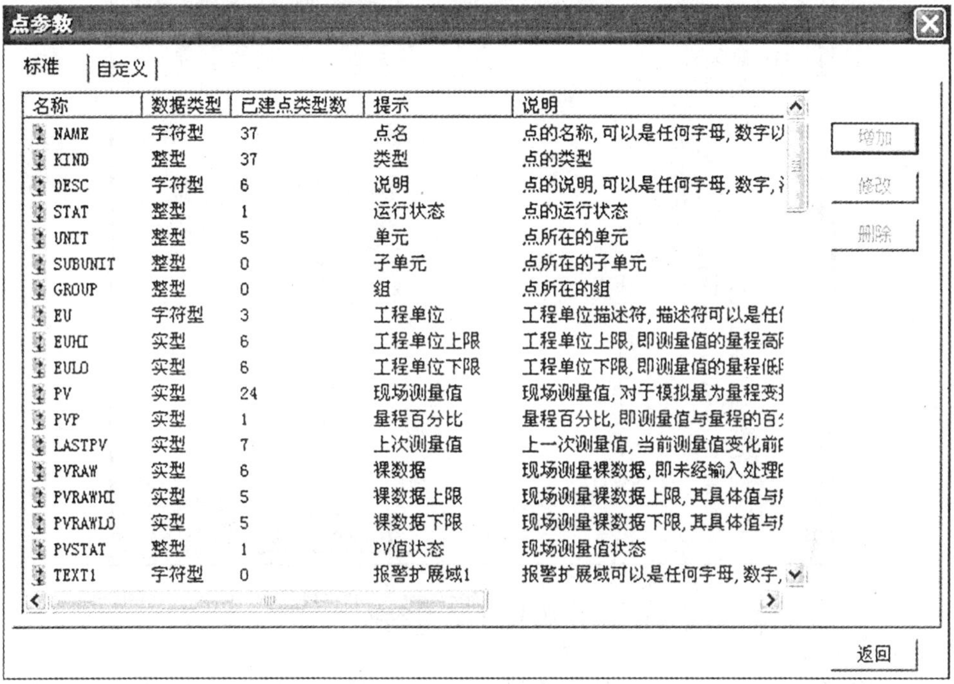
点参数
标准
自定义
名称
数据类型
已建点类型数
提示
说明
NAME 字符型 37 点名 点的名称，可以是任何字母，数字以
KIND 整型 37 类型 点的类型
DESC 字符型 6 说明 点的说明，可以是任何字母，数字，
STAT 整型 1 运行状态 点的运行状态
UNIT 整型 5 单元 点所在的单元
SUBUNIT 整型 0 子单元 点所在的子单元
GROUP 整型 0 组 点所在的组
EU 字符型 3 工程单位 工程单位描述符，描述符可以是任
EUHI 实型 6 工程单位上限 工程单位上限，即测量值的量程高
EULO 实型 6 工程单位下限 工程单位下限，即测量值的量程低
PV 实型 24 现场测量值 现场测量值，对于模拟量为量程变
PVP 实型 1 量程百分比 量程百分比，即测量值与量程的百
LASTPV 实型 7 上次测量值 上一次测量值，当前测量值变化前
PVRAW 实型 6 裸数据 现场测量裸数据，即未经输入处理
PVRAWHI 实型 5 裸数据上限 现场测量裸数据上限，其具体值与
PVRAWLO 实型 5 裸数据下限 现场测量裸数据下限，其具体值与
PVSTAT 整型 1 PV值状态 现场测量值状态
TEXT1 字符型 0 报警扩展域1 报警扩展域可以是任何字母，数字，
增加
修改
删除
返回

图 3.4　“点参数”对话框

若要创建自定义点参数，选择“自定义”选项卡，单击“增加”按钮，出现“点参数组态”对话框，如图 3.5 所示，然后输入要创建的点参数名称，选择数据类型等，最后单击“确认”按钮退出点参数组态，新创建的点参数会在“点参数”对话框中列出。

**注意**：新创建的点参数在没有用它创建点类型之前，可以反复进行修改或删除。如果已经创建了点类型，要修改或删除，则要首先删除用该点参数创建的所有点类型后，方可进行。

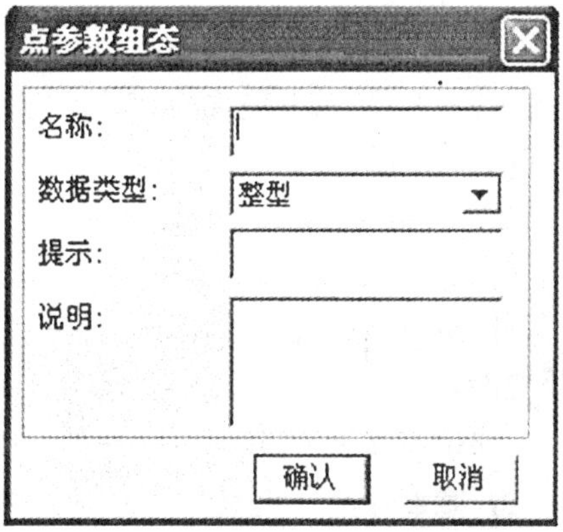
点参数组态
名称:
数据类型:
整型
提示:
说明:
确认
取消

图 3.5　“点参数组态”对话框

# 3.4 点 组 态

在创建一个新点时,首先要选择点类型及所在区域。可以用标准点类型生成点,也可以用自定义点类型生成点。

点组态的几种常见操作:

(1) 新建点

若要创建点,可以选择 DbManager 菜单命令"点(T)/新建",出现"请指定区域、点类型"对话框,如图 3.6 所示,然后选择点类型及所在区域。

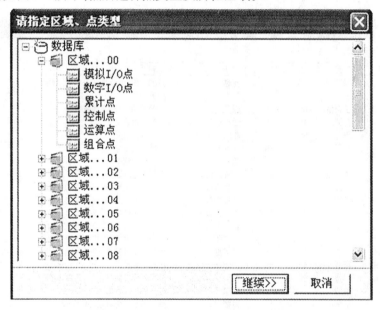

图 3.6 "请指定区域、点类型"对话框

(2) 修改点

若要修改点,首先在点表中选择要修改点所在的行,然后选择 DbManager 菜单命令"点(T)/修改"。

(3) 删除点

若要删除点,首先在点表中选择要删除点所在的行,然后选择 DbManager 菜单命令"点(T)/删除"。

## 3.4.1 模拟 I/O 点

模拟 I/O 点,输入和输出为模拟量,可以完成输入信号量程变换、报警检查、输出限值等功能。

模拟 I/O 点的组态对话框有 4 个选项卡:基本参数、报警参数、数据连接和历史参数。

**1.基本参数**

"模拟 I/O 点基本参数"选项卡中的各项是用来定义模拟 I/O 点基本特征的,如图 3.7

所示。各项的说明如下：

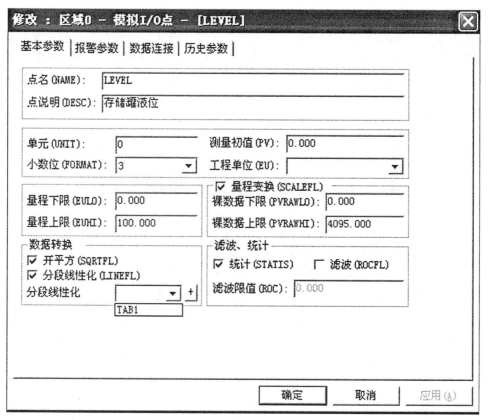

图 3.7　"模拟 I/O 点基本参数"选项卡

① 点名(NAME)：惟一标识一个工程数据库中点的名字，同一工程数据库中点名不能重名。点名全部为大写，最长不能超过 15 个字符。点名可以是任何英文字母、数字，除字符"$"和"_"外不能含其他符号及汉字。此外，点名可以以英文字母或数字开头，一个点名中至少含有一个英文字母。

② 描述(DESC)：点的注释信息，最长不能超过 63 个字符，可以是任何英文字母、数字、汉字及标点符号。

③ 单元(UNIT)：点所属单元。单元是对点的一种分类方法。如在 View 程序的总貌窗口上，可以按照点所属单元分类显示点的测量值。

④ 小数位(FORMAT)：测量值的小数点位数。

⑤ 测量初值(PV)：设置测量值的初始值。

⑥ 工程单位(EU)：工程单位描述符。描述符可以是任何英文字母、数字、汉字及标点符号。

⑦ 量程变换(SCALEFL)：如果选择量程变换，数据库将对测量值(PV)进行量程变换运算。运算公式为：PV = EULO + (PVRAW − PVRAWLO) ∗ (EUHI − EULO)/(PVRAWHI − PVRAWLO)。

⑧ 开平方(SQRTFL)：规定 I/O 模拟量原始测量值到数据库使用值的转换方式。转换

方式有两种:线性,直接采用原始值;开平方,采用原始值的平方根。

⑨ 分段线性化(LINEFL):在实际应用中,对一些模拟量的采集,如热电阻、热电偶等信号为非线性信号的,需要采用分段线性化的方法进行转换。用户首先创建用于数据库转换的分段线性化表,力控将采集到的数据经过基本变换(如线性/开平方、量程转换)后,然后通过分段线性表得到最后输出值,在运行系统中显示或用于建立动画连接。

分段线性化表说明如下:

如果选择进行分段线性化处理,则要选择一个分段线性化表。若要创建一个新的分段线性化表,可以单击按钮"+"或者选择菜单命令"工程/分段线性化表"后,增加一个分段线性化表,其组态对话框如图3.8所示。

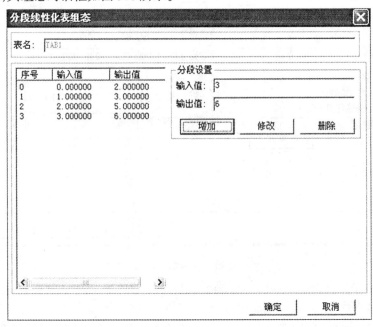

图3.8 "分段线性化表组态"对话框

表格共3列:第1列为序号,每增加一段时系统自动生成;第2列是输入值,该值是指从设备采集到原始数据经过基本变换(如线性/开平方、量程转换)后的值;第3列为该输入值应该对应的工程输出值。若要增加一段,在"分段设置"中指定输入值和输出值后,单击"增加"按钮。对已经生成的段,通过单击"修改"和"删除"按钮可以修改其输出值或将该段删除。

分段线性表是用户先定义好的输入值和输出值——对应的表格,当输入值在线性表中找不到时,将按照下面的公式进行计算:

((后输出值 - 前输出值) * (当前输入值 - 前输入值)/(后输入值 - 前输入值)) + 前输出值

当前输入值:当前变量的输入值。

后输出值:当前输入值在表格中输入值项所处的位置的后一项数值对应关系中的输出值。

前输出值：当前输入值在表格中输入值项所处的位置的前一项数值对应关系中的输出值。

后输入值：当前输入值在表格中输入值项所处的位置的后一输入值。

前输入值：当前输入值在表格中输入值项所处的位置的前一输入值。

例如，在建立的线性表中，数据对应关系为：

| 序号 | 输入值 | 输出值 |
| --- | --- | --- |
| 0 | 4 | 8 |
| 1 | 6 | 14 |

那么当输入值为 5 时，其输出值的计算为：

输出值 $=((14-8)*(5-4)/(6-4))+8$ ，即为 11。

⑩ 统计（STATIS）：如果选择统计，数据库会自动生成测量值的平均值、最大值、最小值的记录，并可以在历史报表中显示这些统计值。

**2. 报警参数**

"模拟 I/O 点报警参数"选项卡中的各项用来定义模拟 I/O 点的报警特征，如图 3.9 所示。各项的说明如下：

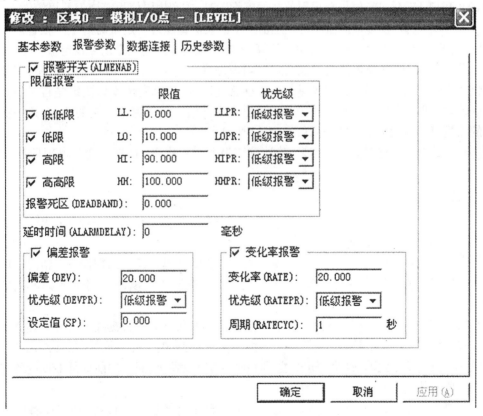

图 3.9　"模拟 I/O 点报警参数"选项卡

① 报警开关（ALMENAB）：确定模拟 I/O 点是否处理报警的总开关。

② 限值报警:模拟量的测量值在跨越报警值时产生的报警。限值报警的报警限(类型)有 4 个:低低限(LL)、低限(LO)、高限(HI)、高高限(HH)。它们的值在变量的最大值和最小值之间,它们的大小关系排列依次为高高限、高限、低限、低低限。在变量的值发生变化时,如果跨越某一个限值,立即发生限值报警。某个时刻,对于一个变量,只可能越一种限,因此只产生一种越限报警。例如,如果变量的值超过高高限,就会产生高高限报警,而不会产生高限报警。另外,如果两次越限,就要看这两次越的限是否是同一种类型,如果是,就不会再产生新报警,也不表示该报警已经恢复;如果不是,则先恢复原来的报警,再产生新报警。

③ 报警死区(DEADBAND):是指当测量值产生限值报警后,再次产生新类型的限值报警时,如果变量的值在上一次报警限加减死区值的范围内,就不会恢复报警,也不产生新的报警;如果变量的值不在上一次报警限加减死区值的范围内,则先恢复原来的报警,再产生新报警。

④ 报警优先级:定义报警的优先级别。共有 3 个级别:低级、高级和紧急。这 3 个级别对应的报警优先级参数值分别是 1、2 和 3。

⑤ 延时时间(ALARMDELAY):当设置了延时时间后,对于限值报警或偏差报警,当 PV 值超出限值或偏差值超出偏差设置后,并不立即产生报警,只有当超过延时时间(ALARMDELAY)后,PV 值仍超出限值或偏差设置时,才产生限值报警或偏差报警。

⑥ 偏差报警:模拟量的值相对设定值上下波动的量超过一定量时产生的报警。用户在"设定值"中输入目标值(基准值)。计算公式为:偏差 = 当前测量值 − 设定值。

⑦ 变化率报警:模拟量的值在固定时间内的变化超过一定量时产生的报警,即变量变化太快时产生的报警。当模拟量的值发生变化时,就计算变化率以决定是否报警。变化率的时间单位是秒。计算公式为:(测量值的当前值 − 测量值上一次的值)/(这一次产生的测量值的时间 − 上一次测量值产生的时间)。

取整数部分的绝对值作为结果,若计算结果大于变化率(RATE)/变化率周期(RATE-CYC),则出现报警。

**3. 数据连接**

"模拟 I/O 点数据连接"选项卡中的各项用来定义模拟 I/O 点数据连接过程,如图 3.10 所示。各项的说明如下:

左侧列表框中列出了可以进行数据连接的点参数及其已建立的数据连接情况。

对于测量值(即 PV 参数),有三种数据连接可供选择:I/O 设备、网络数据库和内部连接。

① I/O 设备:选择该项,表示测量值与某一种 I/O 设备建立数据连接过程。建立了数据连接过程,就表示测量值会随着 I/O 设备数据的变化实时变化。同时,当操作人员在上位机人为改变测量值时,这个值也会立即下置到 I/O 设备上(假设的前提是 I/O 设备支持数据下置功能)。

若要建立 I/O 设备连接,首先在"设备"下拉框中选择连接的设备(若该设备尚未建立,可以单击"定义设备"按钮,创建一个新的 I/O 设备),然后单击"增加"按钮,出现 I/O 设备的数据连接对话框,根据对话框的具体形式,确定要连接的 I/O 点类型、通道号、数据

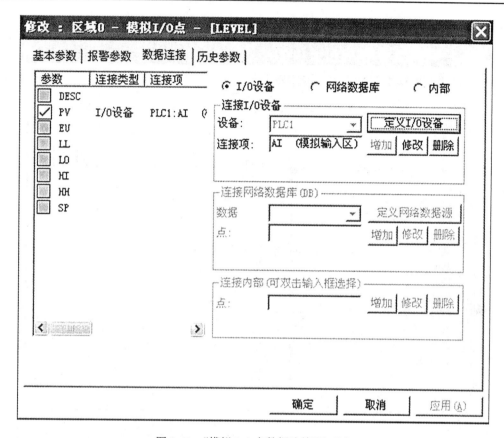

图 3.10　"模拟 I/O 点数据连接"选项卡

格式等参数。单击"修改"或"删除"按钮,可对已建立的 I/O 设备进行修改或删除。

　　② 网络数据库:选择该项,表示测量值与其他网络结点上力控数据库中某一点的测量值建立了连接过程。若要建立网络数据库连接过程,首先在"数据源"下拉框中选择要连接的表示网络数据库的数据源名称(若该数据源尚未建立,可以单击"定义数据源"按钮,创建一个新的表示网络数据库的数据源)。然后在"点"一项中输入要连接的网络数据库中的点参数名,如 FIC101.PV。单击"增加"按钮,便建立了一个网络数据库的连接过程。单击"修改"或"删除"按钮,可对已建立的网络数据库连接进行修改或删除。

　　③ 内部连接:内部连接不限于测量值。其他参数(数值型)均可以进行内部连接。内部连接是同一数据库(本地数据库)内不同点的各个参数之间进行的数据连接过程。例如,在一个控制回路中,测量点 FIC101 的测量值 PV 就可以通过内部连接连接到控制点的目标值 SP 上。内部连接是力控数据库实现内部多级复杂回路控制的主要工具。

　　在"点参数"一项中输入要连接的数据库内部的点参数名。点与参数名之间用"."分隔,如 FIC101.EULO,如果省略参数名,则默认为是测量值 PV 参数。单击"增加"按钮,便建立了一个内部连接过程。单击"修改"或"删除"按钮,可对已建立的内部连接进行修改或删除。

**4.历史参数**

　　"模拟 I/O 点历史参数"选项卡中的各项用来定义模拟 I/O 点哪些参数进行历史数据

保存,以及保存方式及其相关参数,如图3.11所示。各项的说明如下:

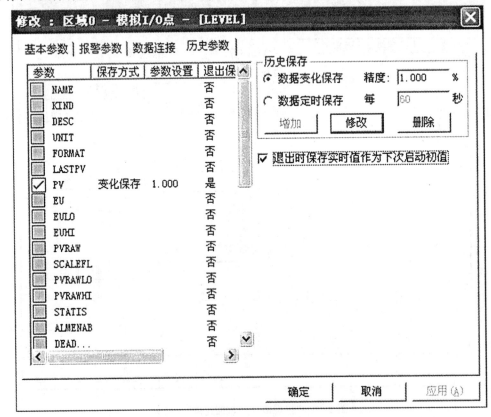

图 3.11 "模拟 I/O 点历史参数"选项卡

左侧列表框中列出了可以进行保存历史数据的点参数及其历史参数设置情况。

① 数据变化保存:选择该项,表示当参数值发生变化时,其值被保存到历史数据库中。为了节省磁盘空间、提高性能,用户可以指定变化精度,即当参数的变化幅度超过变化精度时,才进行保存。

在"精度"一项中输入变化精度值,单击"增加"按钮,便设置该点参数为数据变化保存方式的历史参数,同时指定了变化精度参数。单击"修改"或"删除"按钮,可修改变化精度参数或删除数据变化保存的历史数据保存设置。

② 数据定时保存:选择该项,表示每隔一段时间后,参数值被自动保存到历史数据库中。在"每__秒"一项中输入间隔时间,单击"增加"按钮,便设置该参数为数据定时保存的历史数据保存方式,同时指定了间隔时间。单击"修改"或"删除"按钮,可修改间隔时间或删除数据定时保存的历史数据保存设置。

③ 退出时保存实时值作为下次启动初值:选择了该项的点参数,数据库在退出时自动将该参数的实时值保存到磁盘,当数据库再次启动时,会将保存的实时值作为初值。

### 3.4.2 数字I/O点

数字 I/O 点,输入和输出为离散量,可对输入信号进行状态检查。

数字 I/O 点的组态对话框有 4 个选项卡:基本参数、报警参数、数据连接和历史参数。

**1.基本参数**

"数字 I/O 点基本参数"选项卡中的各项用来定义数字 I/O 点的基本特征,如图 3.12 所示。各项的说明如下(前文已经进行过说明的意义相同的参数在此不再重复):

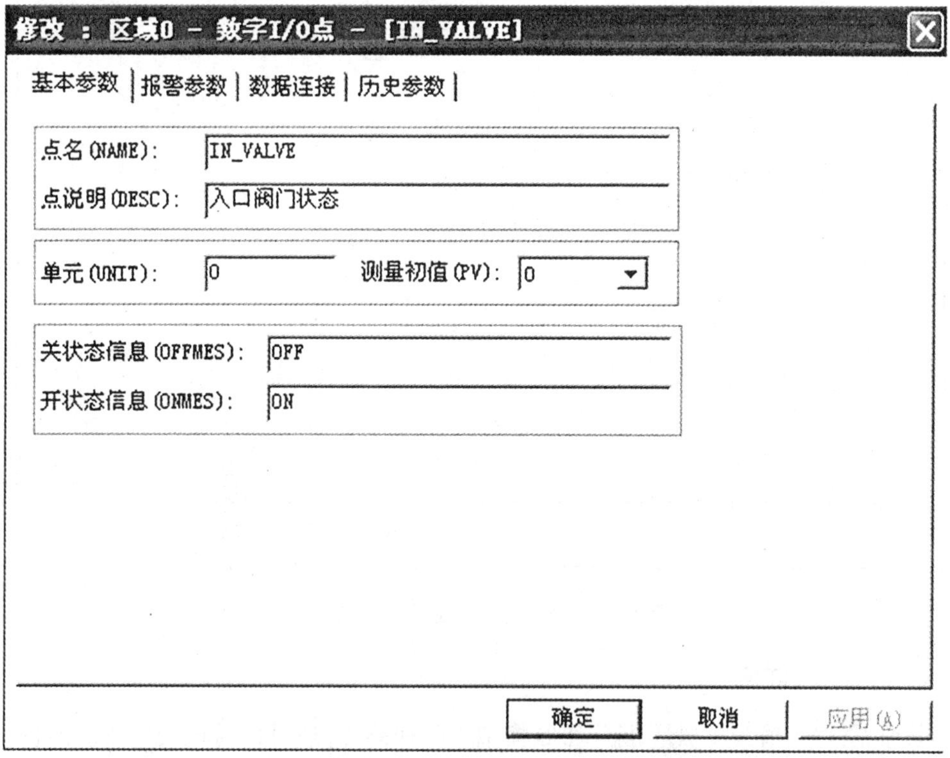

图 3.12 "数字 I/O 点基本参数"选项卡

① 关状态信息(OFFMES):当测量值为 0 时显示的信息(如"OFF"、"关闭"、"停止"等)。

② 开状态信息(ONMES):当测量值为 1 时显示的信息(如"ON"、"打开"、"启动"等)。

**2.报警参数**

"数字 I/O 点报警参数"选项卡中的各项用来定义数字 I/O 点的报警特征,如图 3.13 所示。各项的说明如下:

① 报警开关(ALMENAB):确定数字 I/O 点是否处理报警的总开关。

② 正常状态(NORMALVAL):确定正常状态(即不产生报警时的状态)值(0 或 1)。如确定正常状态为 0,则当测量值为 1 时即产生报警。

**3.数据连接和历史参数**

"数据连接"和"历史参数"选项卡与模拟 I/O 点的"数据连接"和"历史参数"选项卡的形式、组态方法相同。

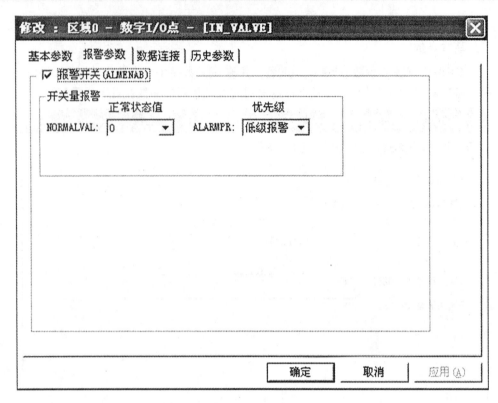

图 3.13 "数字 I/O 点报警参数"选项卡

### 3.4.3 累计点

累计点:输入值为模拟量,除了 I/O 模拟点的功能外,还可以对输入量按时间进行累计。

累计点 I/O 点的组态对话框有 3 个选项卡:基本参数、数据连接和历史参数。

**1.基本参数**

"累计点基本参数"选项卡中的各项用来定义累计的基本特征,如图 3.14 所示。各项的说明如下(前文已经进行过说明的意义相同的参数在此不再重复):

① 累计/初值(TOTAL):在本项设置累计量的初始值。

② 累计/时间基(TIMEBASE):累计计算的时间基。时间基的单位为秒。时间基是对测量值的单位时间进行秒级换算的一个系数。如假设测量值的实际意义是流量,单位是"吨/小时",则将单位时间换算为秒是 3 600 s,此处的时间基参数就应设为 3 600。

③ 小信号切除开关(FILTERFL):确定是否进行小信号切除的开关。

④ 限值(FILTER):如果进行小信号切除,低于限值的测量值将被认为是 0。

⑤ 累计增量算式为:(测量值/时间基) * 时间差。时间差为上次累计计算到现在的时间,单位为秒。

例如,用累计点 TOL1 来监测某一工艺管道流量。流量用测量值(PV)来监测,经量程变换后其工程单位是吨/小时。假设实际的数据库采集周期为 2 秒,10 秒之内采集的数

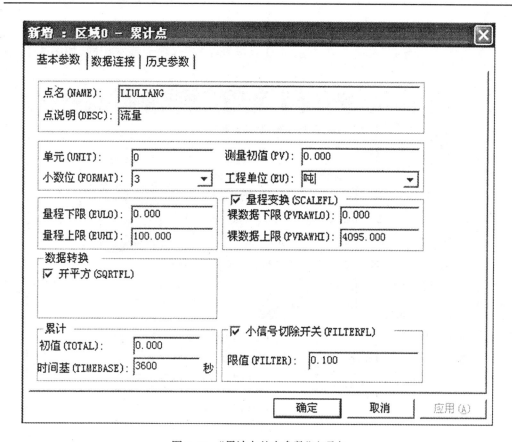

图 3.14 "累计点基本参数"选项卡

据经过 TOL1 线性量程变换后,其测量值监测的 5 次结果按时间顺序依次为:T1 = 360 吨/小时,T2 = 720 吨/小时,T3 = 1080 吨/小时,T4 = 720 吨/小时,T5 = 1440 吨/小时,那么 10 秒内流量累计结果反映在 TOL1 点的 TOTAL 参数的变化上,TOTAL 在 10 秒内的增量值为:(T1 + T2 + T3 + T4 + T5) * 2/3600 ,即为2.4吨。表示在 10 秒内,该管道累计流过了2.4 吨的介质。

**2.数据连接和历史参数**

"数据连接"和"历史参数"选项卡与模拟 I/O 点的"数据连接"和"历史参数"选项卡的形式、组态方法相同。

### 3.4.4 控制点

控制点通过执行已配置的 PID 算法完成控制功能。

控制点的组态对话框有 5 个选项卡:基本参数、报警参数、控制参数、数据连接和历史参数。

**1.基本参数**

"控制点基本参数"选项卡与"模拟 I/O 点基本参数"选项卡的形式、组态方法相同。

**2.报警参数**

　　"控制点报警参数"选项卡与"模拟 I/O 点报警参数"选项卡基本相同,如图 3.15 所示。

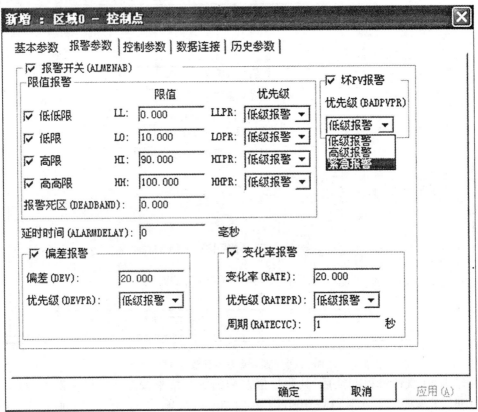

图 3.15　"控制点报警参数"选项卡

　　坏 PV 报警:测量值所监测的设备发生故障、断线等现象时产生的报警。

**3.控制参数**

　　"控制点控制参数"选项卡中的各项用来定义控制点的 PID 控制特征,如图 3.16 所示。各项的说明如下:

　　① 运行状态(STAT)和控制方式(MODE)。其中,

　　运行状态(STAT):点的运行状态,可选择运行或停止。如果选择停止,控制点将停止控制过程。

　　控制方式(MODE):PID 控制方式,可选择自动或手动。

　　② 控制周期(CYCLE):PID 的数据采集周期。

　　③ 目标值(SP)、输出初值(OP)、控制量基准(VO)。其中,

　　目标值(SP):PID 设定值。建议设定在 −1∼1 之间。

　　输出初值(OP):PID 输出的初始值。

　　控制量基准(VO):控制量的基准,如阀门起始开度、基准电信号,它表示偏差信号。

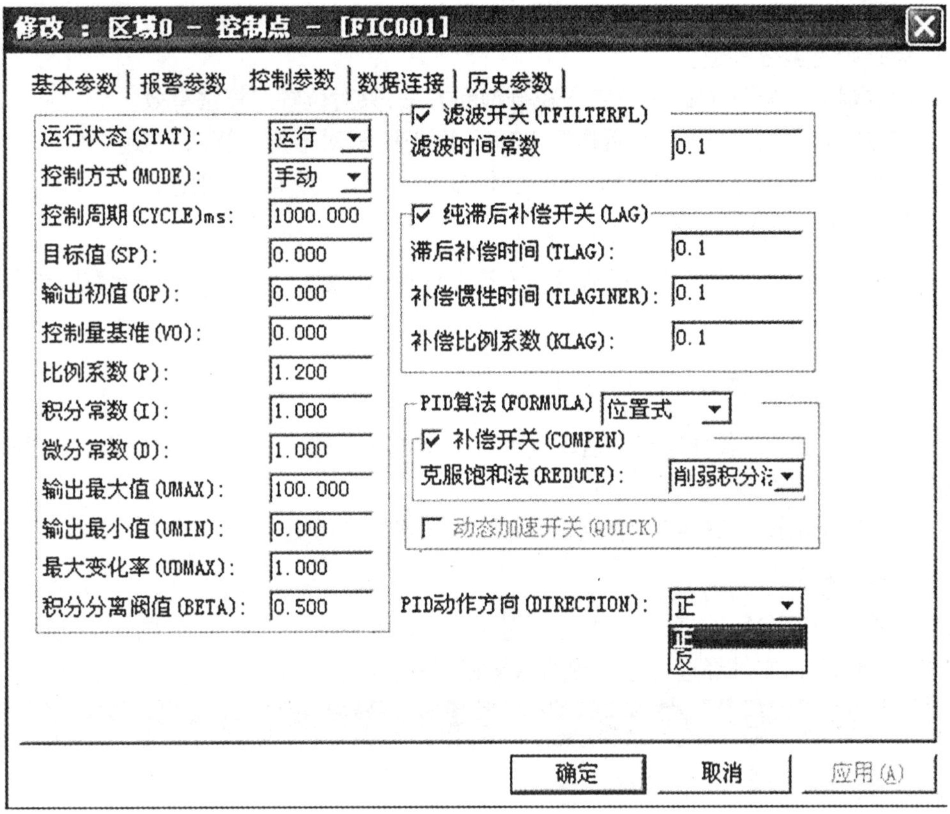

图 3.16　"控制点控制参数"选项卡

④ 系数。其中，

比例系数(P)：PID 的 P 参数。

积分常数(I)：PID 的 I 参数。

微分常数(D)：PID 的 D 参数。

⑤ 输出最大值(UMAX)、输出最小值(UMIN)、最大变化率(UDMAX)。其中，

输出最大值(UMAX)：PID 输出最大值，跟控制对象和执行机构有关，可以是任意大于 0 的实数。

输出最小值(UMIN)：PID 输出最小值，跟控制对象和执行机构有关。

最大变化率(UDMAX)：PID 最大变化率，跟执行机构有关，只对增量算法有效。

⑥ 积分分离阀值(BETA)：PID 结点的积分分离阀值。

⑦ 滤波开关(TFILTERFL)：是否进行 PID 输入滤波。滤波时间常数(TFILTER)表示 PID 滤波时间常数，可为任意大于 0 的浮点数。

⑧ 纯滞后补偿开关(LAG)：是否进行 PID 纯滞后补偿。其中，

滞后补偿时间(TLAG)：PID 滞后补偿时间常数( >= 0)，为 0 时表示没有滞后。

补偿惯性时间(TLAGINER)：PID 滞后补偿的惯性时间常数( > 0)，不能为 0。

补偿比例系数(KLAG)：PID 滞后补偿的比例系数( > 0)。

⑨ PID 算法(FORMULA)：PID 算法，包括位置式、增量式、微分先行式。其中，

补偿开关(COMPEN):PID是否补偿。如果是位置式算法,则是积分补偿;如果不是位置式算法,则是微分补偿。

克服饱和法(REDUCE):PID克服积分饱和方法,只对位置式算法有效。

动态加速开关(QUICK):是否进行PID动态加速,只对增量式算法有效。

⑩ PID动作方向(DIRECTION):PID动作方向,包括正动作和反动作。

**4.数据连接和历史参数**

"数据连接"和"历史参数"选项卡与模拟I/O点的"数据连接"和"历史参数"选项卡的形式、组态方法相同。

### 3.4.5 运算点

运算点用于完成各种运算。运算点可有一个或多个输入,一个结果输出。根据算法不同,输入项的个数和含义也不同。

运算点的组态对话框有3个:基本参数、数据连接和历史参数。

**1.基本参数**

"运算点基本参数"选项卡中的各项用来定义运算点的基本特征,如图3.17所示。各项的说明如下(前文已经进行过说明的意义相同的参数在此不再重复):

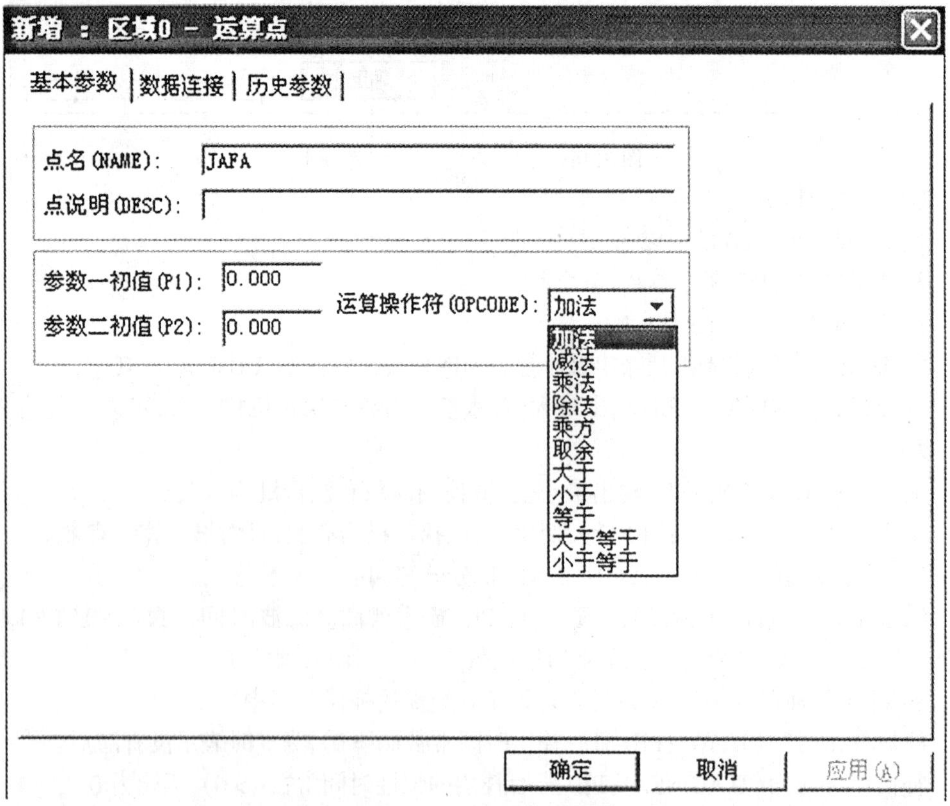

图3.17 "运算点基本参数"选项卡

① 参数一初值(P1):参数一的初始值。

② 参数二初值(P2):参数二的初始值。

③ 运算操作符(OPCODE):此项用来确定 P1 和 P2 的运算关系。

④ 运算点的 PV 值与 PI、P2、OPCODE 参数值的运算关系表达式为:

$$PV = P1(OPCODE)P2$$

例如,OPCODE 选择加法,则运算关系为 $PV = P1 + P2$ 。对于关系运算,当条件成立时,PV 值为 1,否则为 0。

**2.数据连接**

"运算点数据连接"选项卡中的各项用来定义运算点的数据连接过程,如图 3.18 所示。各项的说明如下:

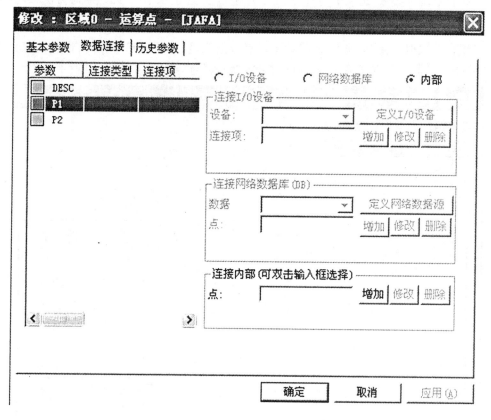

图 3.18　"运算点数据连接"选项卡

由于运算点仅用于实现数据库内部运算,因此其 PV 参数及其他所有参数均不能进行 I/O 设备连接和网络数据库连接,只能进行内部连接。

对于运算点,一种最常见的用法是将 P1 参数和 P2 参数通过内部连接连接到其他点的测量值上。

例如,FIC101 和 FIC102 是两个重要的流量监测值,FIC101 和 FIC102 的流量之和也是一个需要实时监测的量,此时就可以创建一个运算点,并将该运算点的 P1 参数通过内部连接连接到 FIC101 的 PV 值,将 P2 参数通过内部连接连接到 FIC102 的 PV 值,该运算点的运算操作符(OPCODE)选择加法。当数据库运行时,该运算点的 PV 值就是 FIC101 和 FIC102 的实时监测值之和。

**3.历史参数**

"运算点历史参数"选项卡与"模拟 I/O 点历史参数"选项卡的形式、组态方法相同。

## 3.4.6　组合点

组合点是针对这样一种应用而设计:在一个回路中,采集测量值(输入)与下设回送值(输出)分别连接到不同的地方。组合点允许用户在数据连接时分别指定输入与输出位置。

**1.基本参数**

"组合点基本参数"选项卡与"模拟 I/O 点基本参数"选项卡的形式、组态方法相同。

**2.数据连接**

"组合点数据连接"选项卡与"模拟 I/O 点数据连接"选项卡基本相同,惟一的区别是在指定某一参数的数据连接时,必须同时指定"输入"与"输出",如图 3.19 所示。

图 3.19　"组合点数据连接"选项卡

**3.历史参数**

"组合点历史参数"选项卡与"模拟 I/O 点历史参数"选项卡的形式、组态方法相同。

# 3.5　工　程　管　理

DbManager 可实现引入工程、保存工程、备份工程、设置工程数据库系统参数、打印工程数据库内容等功能。

## 3.5.1　引　入

引入功能可将其他工程数据库中的组态内容合并到当前工程数据库中。

若要完成引入过程，选择 DbManager 菜单命令"工程(P)/引入"，出现"浏览文件夹"对话框，如图 3.20 所示。

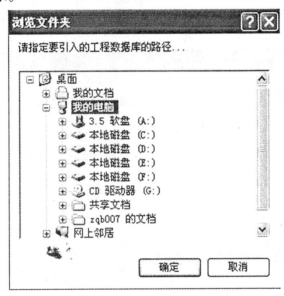

图 3.20　"浏览文件夹"对话框

选择要引入的工程数据库所在的目录，单击"确定"按钮。DbManager 自动读取工程数据库的组态信息，并与当前工程数据库的内容合并为一。

当多个工程技术人员同时为一个工程项目实施工程组态时，引入功能就较为常用。此时，各个工程技术人员在各自的工作站上完成各自部分的组态工作后，可以利用引入功能将其合并在一处。

**注意**：引入功能所引入的内容仅限于标准点组态信息。

## 3.5.2　保　存

保存功能可将当前工程数据库的全部组态内容保存到磁盘文件上。

若要完成保存过程，选择 DbManager 菜单命令"工程(P)/保存"，或单击工具栏"保存当前数据库"按钮。

DbManager 在执行保存操作前，会首先判断在启动 DbManager 之后或在上次执行保存功能之后，是否发生过对数据库组态内容进行修改的操作，如果发生，则执行存盘操作，否则不予响应。

### 3.5.3　备　份

备份功能可将当前工程数据库的全部组态内容及运行记录备份到指定的目录。

若要完成备份过程,选择 DbManager 菜单命令"工程(P)/备份",或单击工具栏"备份当前数据库到指定路径"按钮,出现"浏览文件夹"对话框如图 3.20 所示。选择备份目录,单击"确定"按钮。

### 3.5.4　数据库系统参数

数据库系统参数控制数据库程序 DB 的启动方式、运行周期等重要参数。若要设置数据库系统参数,选择 DbManager 菜单命令"工程(P)/系统参数",出现"数据库系统参数"对话框,如图 3.21 所示。

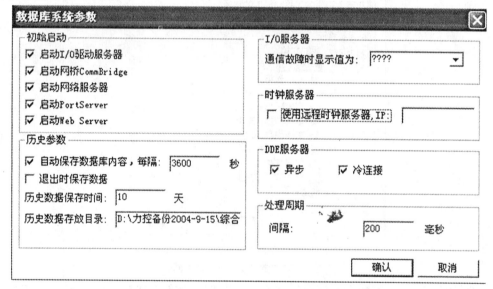

图 3.21　"数据库系统参数"对话框

① 启动网络服务器:选择该项,数据库在启动时会自动启动网络服务器程序 NetServer。

② 启动 Web Server:选择该项,数据库在启动时会自动启动 Web 服务器程序 Web Server。

③ 历史数据保存时间:数据库保存历史数据的时间,单位为天。

④ DDE 服务器异步:选择该项,数据库在进行 DDE 通信时采用异步通信方式,否则采用同步通信方式。

⑤ 自动保存数据库内容:选择该项,数据库运行期间会自动周期性地保存数据库当前状态。在"每隔__秒"输入框中指定自动执行周期。

### 3.5.5　导出点表

DbManager 可将点表中的内容输出到标准 CSV 格式文件中,以便用户用 Excel 等工具打开阅读。

若要导出点表,选择 DbManager 菜单命令"工程(P)/导出点表",出现"另存为"对话框,如图 3.22 所示。

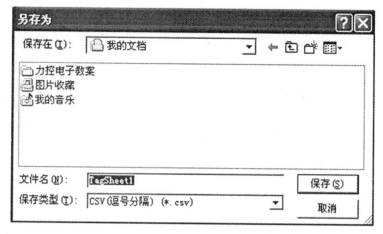

图 3.22 "保存文件"对话框

在对话框中指定要输出的文件名及目录位置。

### 3.5.6 打印点表

DbManager 支持以表格形式打印数据库组态内容。打印的内容与格式即为 DbManager 点表的内容与格式。

若要进行打印,选择 DbManager 菜单命令"工程(P)/打印",出现打印对话框,根据提示进行打印设置,开始打印操作。

### 3.5.7 退出

当组态完成时,可执行退出过程。若要退出 DbManager 程序,选择 DbManager 菜单命令"工程(P)/退出",或单击工具栏"退出 DbManager 程序"按钮。如果修改了数据库组态内容,并且尚未执行保存操作,DbManage 会自动提示是否保存被修改内容。

## 3.6 DbManager 工 具

DbManager 工具包括两项:统计和选项。

### 3.6.1 统计

DbManager 可以从多个角度对组态数据进行统计。选择 DbManager 菜单命令"工具(T)/统计",出现"统计信息"对话框,如图 3.23 所示。

"统计信息"对话框由 4 个选项卡组成:数据库、点类型、I/O 设备和网络数据库。说明如下:

① 数据库:按照数据库的结构和层次生成统计信息。该页由两部分组成,左侧为数据库导航器,依次列出了数据库中已创建点的区域、点类型。右侧为统计结果。用鼠标在

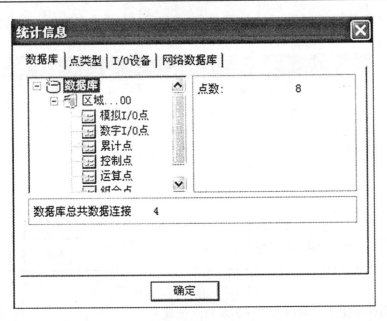

图 3.23　"统计信息数据库"选项卡

导航器上选择要统计的项,右侧的统计结果会自动生成。例如,要对整个数据库进行统计,则选择导航器的根部"数据库";若要对 0 区域内模拟 I/O 点进行统计,则选择导航器"区域...00"下的"模拟 I/O 点"一项。如图 3.23 所示。

　　② 点类型:从点类型的角度对整个数据库进行数据统计。其外观如图 3.24 所示。

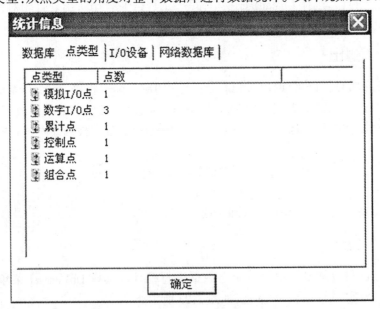

图 3.24　"统计信息点类型"选项卡

　　该选项卡由一个列表框组成。列表框列出了数据库中所有的点类型,以及每种点类型在整个数据库(所有区域)中所创建的点数。

　　③ I/O 设备:统计各个 I/O 设备的数据连接情况。该选项卡由一个列表框组成。列

表框列出了所有的 I/O 设备,以及每种 I/O 设备已创建的数据连接项个数。

④ 网络数据库:统计各个网络数据库的数据连接情况。该选项卡由一个列表框组成。列表框列出了所有的网络数据库,以及每个网络数据库已创建的数据连接项个数。

### 3.6.2 选项

DbManager 的选项功能可对其外观、显示格式、自动保存等项进行设置。选择 DbManager 菜单命令"工具(T)/选项",出现"选项"对话框,如图 3.25 所示。各项说明如下:

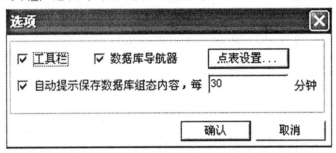

图 3.25 "选项"对话框

① 工具栏:该项确定 DbManager 主窗口是否显示工具栏。

② 数据库导航器:该项确定 DbManager 主窗口是否显示数据库导航器。

③ 点表设置:该项用于设置点表列、显示顺序等内容。

④ 自动提示保存数据库组态内容:该项用于确定是否自动提示保存数据库组态内容以及间隔时间。

# 3.7 创建实时数据库示例

本节继续通过第 1 章的仿真工程示例"存储罐液位监控系统",介绍创建实时数据库和定义 I/O 设备的方法及步骤。

**例 3.1** 创建实时数据库和定义 I/O 设备示例。

**1. 创建实时数据库**

根据第 1 章的仿真工程示例"存储罐液位监控系统"中的工艺过程描述,我们需要定义 4 个点参数,如表 3.1 所示。

表 3.1 "存储罐液位监控系统"中 4 个点参数说明

| 点 名 | 点 类 型 | 说 明 |
| --- | --- | --- |
| LEVEL | 模拟 I/O 点 | 存储罐的液位 |
| IN_VAVLE | 数字 I/O 点 | 入口阀门开关状态 |
| OUT_VAVLE | 数字 I/O 点 | 出口阀门开关状态 |
| RUN | 数字 I/O 点 | 系统启动状态 |

具体步骤如下:

① 在 Draw 导航器中双击"实时数据库"项,在展开项目中双击"数据库组态"项,启动 DbManager,如图 3.26 所示。

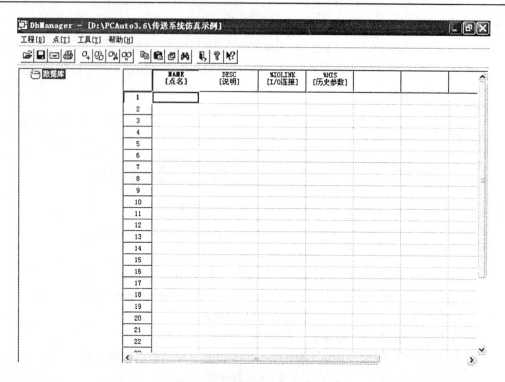

图 3.26　实时数据库管理器

②选择菜单命令"点/新建"或在右侧的点表上双击任一空白行,出现"请指定区域、点类型"对话框,如图 3.27 所示。选择"00"区域及"模拟 I/O 点",然后双击该点类型,出现如图 3.28 所示对话框。在"点名(NAME)"输入框内输入"LEVEL",其他参数如量程、报警参数等采用系统提供的缺省值,单击"确定"按钮返回,即在点单元格中增加了一个点名"LEVEL"。

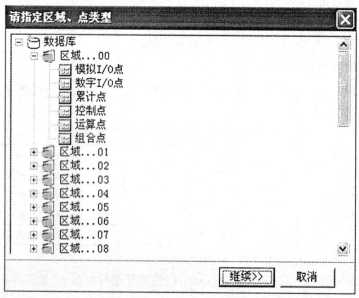

图 3.27　"请指定区域、点类型"对话框

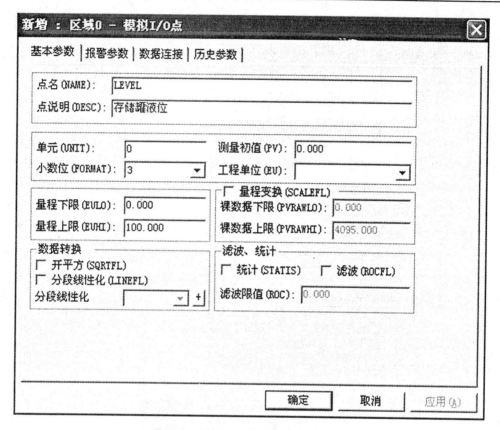

图 3.28 "模拟 I/O 点基本参数"选项卡

③ 按照上述步骤,创建数字 I/O 点"IN_VAVLE"、"OUT_VAVLE"和"RUN",如图 3.29 所示。然后单击"保存"按钮保存组态内容,最后单击"退出"按钮。需要说明的是,在创建数字 I/O 点时,要选择"00"区域及"数字 I/O 点"。

**2. 定义 I/O 设备**

实时数据库是从 I/O 驱动程序中获取过程数据的,I/O 驱动程序负责软件和设备的通信,因此首先要建立 I/O 数据源,而数据库可以同时与多个 I/O 驱动程序进行通信,一个 I/O 驱动程序可以连接一个或多个设备。下面为定义 I/O 设备的过程。

① 在导航器中选择"I/O 设备驱动"项,在展开项目中选择"PLC"项并双击,选择项目"仿真 PLC"下的"Simulator(仿真 PLC)",如图 3.30 所示。

② 双击项目"Simulator(仿真 PLC)"出现"设备配置"对话框,如图 3.31 所示。在"设备名称"输入框内键入自定义的名称,命名为"PLC1"。"更新周期"为 500 毫秒,即 I/O 驱动程序向数据库提供更新的数据的周期。其他参数采用系统提供的缺省值。

③ 单击"完成"按钮返回,即在"Simulator(仿真 PLC)"项目下增加了一项"PLC1"。经过上述步骤,创建了一个名为"PLC1"的 I/O 设备。

**3. 数据连接**

在前面已创建了 4 个数据库点和一个名为"PLC1"的 I/O 设备,如何使这 4 个点的 PV

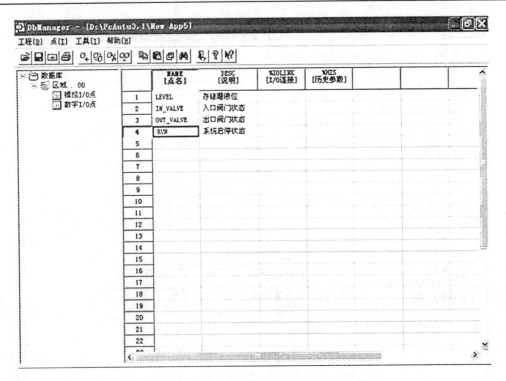

图 3.29　创建的"存储罐液位监控系统"点表

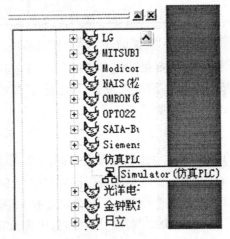

图 3.30　I/O 设备驱动

参数值能与仿真 I/O 设备 PLC1 进行实时数据交换,这就是建立数据连接的过程。由于数据库可以与多个 I/O 设备进行数据交换,所以我们必须指定哪些点与哪个 I/O 设备建立数据连接。

　①　启动数据库组态程序 DbManager,双击点"LEVEL",切换到"数据连接"选项卡,出现如图 3.32 所示对话框。

　②　点击参数"PV",在连接 I/O 设备的设备下拉框中选择"PLC1",建立连接项时,点击"增加"按钮,出现"Simulator(仿真 PLC)设备组态"对话框,如图 3.33 所示。"选择区域"选

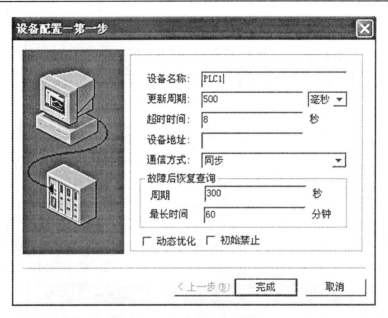

图 3.31   "设备配置"对话框

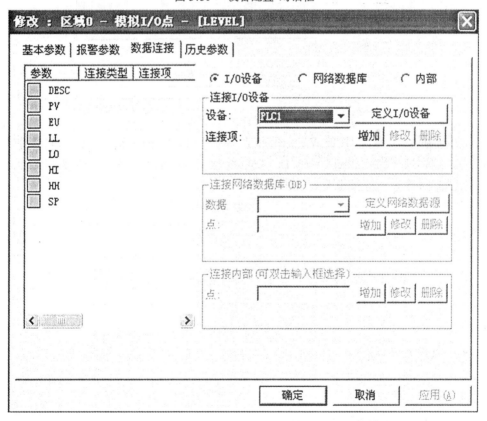

图 3.32   "数据连接"对话框

择"AI(模拟输入区)","通道号"指定为"0",然后单击"确定"按钮。

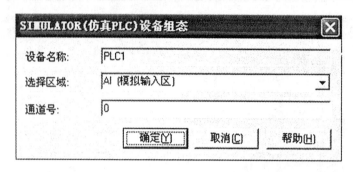

图 3.33　"Simulator(仿真 PLC)设备组态"对话框

③ 3 个数字 I/O 点的数据连接。双击"IN_VAVLE",打开该点的参数设置对话框,选择数据连接选项卡,点击参数"PV",在连接 I/O 设备的设备下拉框中选择"PLC1",建立连接项时,点击"增加"按钮,出现"Simulator(仿真 PLC)设备组态"对话框,如图 3.34 所示。"选择区域"选择"DI(数字输入区)","通道号"指定为"0",然后单击"确定"按钮。

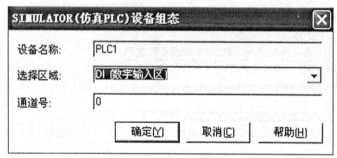

图 3.34　"Simulator(仿真 PLC)设备组态"对话框

用同样的方法为点"OUT_VALVE"和"RUN"创建 PLC1 下的数据连接,它们的"选择区域"分别选择"DI(数字输入区)"和"DO(数字输出区)","通道号"分别指定为"1"和"0"。

定义的 4 个数据连接说明如表 3.2 所示。

表 3.2　4 个点参数的数据连接说明

| 点参数 | 数据连接说明 |
|---|---|
| LEVEL.PV | PLC1 的 AI 区(模拟输入区)第 0 通道 |
| IN_VAVLE.PV | PLC1 的 DI 区(数字输入区)第 0 通道 |
| OUT_VAVLE.PV | PLC1 的 DI 区(数字输入区)第 1 通道 |
| RUN.PV | PLC1 的 DO 区(数字输出区)第 0 通道 |

当完成数据连接的所有组态后,单击保存按钮退出 DbManager 窗口。

# 习　　题

3.1　说明下列基本概念:

　① 实时数据库　　　　② 点

　③ 点参数　　　　　　④ 区域

⑤ 单元　　　　　　⑥ 本地数据库

⑦ 网络数据库　　　⑧ 数据连接

3.2　数据连接有哪几种类型?

3.3　用户使用实时数据库管理器(DbManager)可完成哪些工作?

3.4　参考例 3.1,创建一个实时数据库,该实时数据库有一个模拟点 YEWEI,三个数字点 IN、OUT 和 YUN,并将这些点分别与例 3.1 所定义的 I/O 设备"PLC1"的相应通道进行连接,数据连接说明如下表所示。

| 点参数 | 数据连接说明 |
| --- | --- |
| YEWEI.PV | PLC1 的 AI 区(模拟输入区)第 0 通道 |
| IN.PV | PLC1 的 DI 区(数字输入区)第 0 通道 |
| OUT.PV | PLC1 的 DI 区(数字输入区)第 1 通道 |
| YUN.PV | PLC1 的 DO 区(数字输出区)第 0 通道 |

# 第4章 动画连接

动画连接是指将画面中的图形对象与变量或表达式建立对应关系。建立了动画连接后,在图形界面运行环境下,图形对象将根据变量或表达式的数据变化,改变其颜色、大小等外观条件。

**注意**:在所有动画连接中,数据的值与图形对象之间都是按照线性关系关联的。

## 4.1 鼠标相关动作

图形对象一旦建立了与鼠标相关动作的动画连接,在系统运行时,当对象被鼠标选中或拖拽时,动作即被触发。

### 4.1.1 拖动

拖动连接使对象的位置与变量数值相连接。变量数值的改变使图形对象的位置发生变化,反之,用鼠标拖动图形变化又会使变量的数值改变。

**1.水平拖动**

建立水平拖动的步骤如下:

① 首先要确定拖动对象在水平方向上移动的距离(用像素表示)。可画一条参考水平线,水平线的两个端点对应拖动目标移动的左右边界,记下线段的长度(线在选中的状态下,其长度显示在工具箱的状态区中)。

② 建立拖动图形对象,使对象与参考线段的左端点对齐,删除参考线段。然后双击选中的对象,进入"动画连接"对话框,如图4.1所示。

③ 选择"拖动/水平",进入"水平拖动"对话框,如图4.2所示。

"水平拖动"对话框说明如下:

变量:变量名称。

在最左端时(值):图形对象被拖动到最左端时对变量的设定值。

在最右端时(值):图形对象被拖动到最右端时对变量的设定值。

向右最少(移动像素):图形对象被拖动到最左端时,其位置在水平方向上偏离原始位置的像素数。

向右最多(移动像素):图形对象被拖动到最右端时,其位置在水平方向上偏离原始位置的像素数。

变量选择:单击此按钮,弹出"变量选择"对话框,用户可从中选择相应的变量。

④ 输入完以上各项内容后,单击"确定"按钮,返回"动画连接"对话框,可以继续创建其他动作,或者单击"返回"按钮返回。

图 4.1　"动画连接"对话框

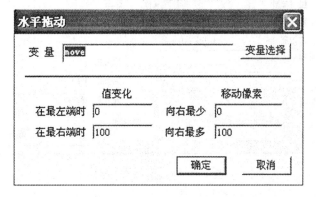

图 4.2　"水平拖动"对话框

**2.垂直拖动**

可参见水平拖动动画连接的建立方法。

**例 4.1**　拖动动画连接示例。这是一个手动控制阀门开度的演示,三角游标的位置代表阀门的开度,通过拖动游标改变阀门的开度。

具体步骤如下:

① 制作工程画面,如图 4.3 所示。在图 4.3 中,三角游标是用鼠标拖动的图形对象,"＃＃＃"文本用来显示三角游标的位置,即阀门的开度。

② 定义变量 move,如图 4.4 所示。变量 move 的类别为窗口中间变量,类型为实型。

③ 三角游标的动画连接。双击三角游标,出现图 4.1 所示对话框,选择"拖动/垂直"按钮后,出现图 4.5 所示"垂直拖动"对话框,单击"变量选择"按钮,出现图 4.6 所示的"变

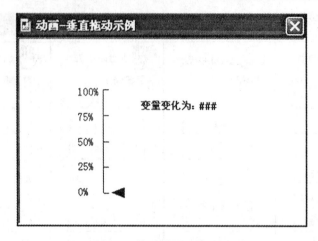

图 4.3　拖动动画连接示例

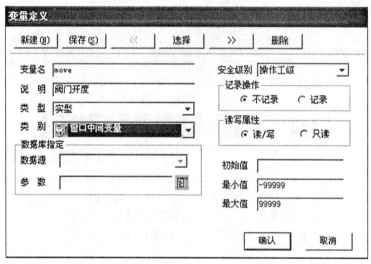

图 4.4　"变量定义"对话框

量选择"对话框,选中变量 move,然后单击"选择"按钮,回到图 4.5 中,单击"确定"按钮,返回"动画连接"对话框,单击"返回"按钮返回到开发环境 Draw。

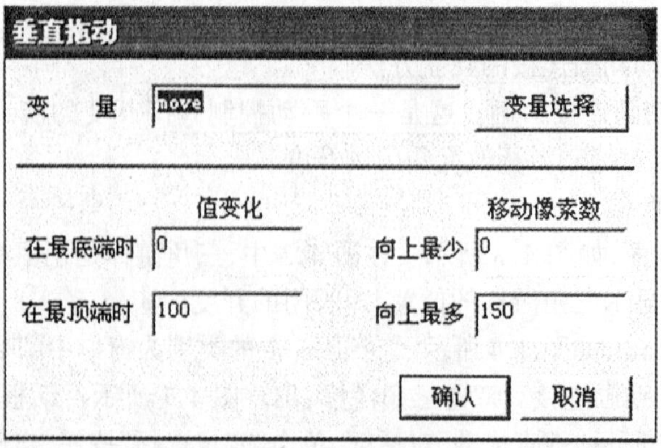

图 4.5　"垂直拖动"对话框

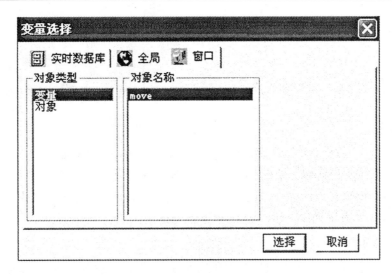

图 4.6 "变量选择"对话框

④ 文本对象"＃＃＃"的动画连接。双击文本对象"＃＃＃",出现图 4.1 所示对话框,选择"数值输出/模拟"按钮,进入如图 4.7 所示"模拟值输出"对话框,选择变量 move,单击"确认"按钮返回"动画连接"对话框,单击"返回"按钮返回到开发环境 Draw。

图 4.7 "模拟值输出"对话框

经过上述 4 个步骤,就完成了"垂直拖动"和"数值输出"的动画连接。

⑤ 运行"拖动动画连接示例",用鼠标拖动三角游标后,结果如图 4.8 所示。

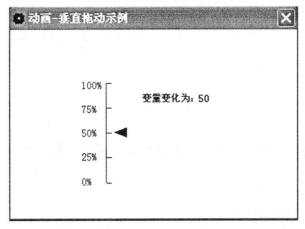

图 4.8 拖动动画连接示例运行画面

### 4.1.2　触敏动作

**1.窗口显示**

窗口显示能使按钮或其他图形对象与某一窗口建立连接,当鼠标点击按钮图形对象时,自动显示连接的窗口。

具体步骤如下:

① 建立图形对象,然后双击该图形对象,进入"动画连接"对话框。

② 选择"触敏动作/窗口显示",出现"选择窗口"对话框。

③ 在"选择窗口"对话框中,选择一个窗口,单击"确认"按钮,返回"动画连接"对话框,可以继续创建其他动作,或者单击"返回"按钮返回。

**2.左键动作**

左键动作连接能使对象与鼠标左键建立连接。当鼠标左键对图形对象进行"按下"、"持续按下"、"释放"时,执行动作。

**3.右键菜单**

右键菜单与"自定义菜单"中的右键弹出菜单配合使用,进入运行系统后,右击该对象时,显示一右键弹出菜单。

**4.信息提示**

使图形对象与鼠标焦点建立连接。当鼠标的焦点移动到图形对象上时,执行本动作,可以显示常量或变量等提示信息。

# 4.2　对象颜色相关动作

### 4.2.1　颜色变化连接

颜色变化连接可使图形对象的线色、填充色、文本颜色等属性随着变量或表达式的值的变化而变化。根据变化条件的不同,颜色变化分为边线、实体/文本、条件和闪烁动画连接4种。其中边线、实体/文本动画连接的变量为模拟量,条件和闪烁动画连接的变量为开关量。

**1.边线变化**

边线变化连接是指图形对象的边线颜色随着表达式的值的变化而变化。具体步骤如下:

① 创建要进行边线连接的图形对象,然后双击该对象进入"动画连接"对话框。

② 选择"颜色变化/边线",进入"颜色变化/边线"对话框。如图4.9所示。

"颜色变化/边线"对话框说明如下:

表达式:变量名称或表达式。

断点:颜色分段变化时断点处的值。4个断点可分成颜色不同也可相同的5段。

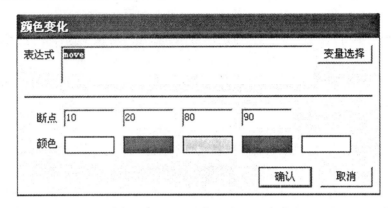

图 4.9　"颜色变化/边线"对话框

颜色:选择 5 种颜色,每种颜色对应一段。

变量选择:单击此按钮,弹出"变量选择"对话框,用户可从中选择要进行连接的变量名称。

③ 输入完以上各项内容后,单击"确认"按钮,返回"动画连接"对话框,可以继续创建其他动作,或者单击"返回"按钮返回。

**2.实体/文本变化**

实体/文本变化连接是指图形对象的填充色或文本的前景色随着表达式的值的变化而变化。

实体/文本变化连接的建立方法与边线连接的建立方法类似。

**3.条件变化**

条件变化连接是指图形对象的填充色或文本的前景色随着布尔表达式的值的变化而变化。具体步骤如下:

① 创建条件变化图形对象,然后双击该对象进入"动画连接"对话框。

② 选择"颜色变化/条件",进入"颜色变化/条件"对话框。如图 4.10 所示。

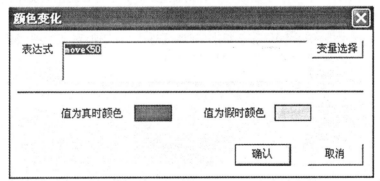

图 4.10　"颜色变化/条件"对话框

"颜色变化/条件"对话框说明如下:

表达式:布尔表达式或开关量变量名。

值为真时颜色:布尔表达式或开关量变量的值为真时的颜色。

值为假时颜色：布尔表达式或开关量变量的值为假时的颜色。

变量选择：单击此按钮，弹出"变量选择"对话框，用户可从中选择要进行连接的变量名称。

③ 输入完以上各项内容后，单击"确认"按钮，返回"动画连接"对话框，可以继续创建其他动作，或者单击"返回"按钮返回。

**4.闪烁连接**

闪烁连接可使图形对象根据布尔变量或布尔表达式的值的状态而闪烁。闪烁可表现为颜色变化、或隐或现。颜色变化包括填充色、线色的变化。具体步骤如下：

① 创建要进行闪烁连接的图形对象，然后双击该对象进入"动画连接"对话框。

② 选择"颜色变化/闪烁"，进入"颜色变化/闪烁"对话框。如图 4.11 所示。

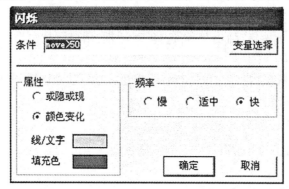

图 4.11　"颜色变化/闪烁"对话框

"颜色变化/闪烁"对话框说明如下：

条件：布尔表达式或开关量变量名。

或隐或现：选择该项，闪烁则以图形对象隐藏和显现交替变化来表现。

颜色变化：选择该项，闪烁则以图形对象原始颜色与设定颜色之间的交替变化来表现。此时，需设定与图形对象原始颜色进行对比，交替变化时的线色或文本的前景色以及实体的填充色。

线/文字：该项用来设定用"颜色变化"表现闪烁时，与图形对象原始线色或文本的前景色进行对比，交替变化时的线色或文本的前景色。

填充色：该项用来设定用"颜色变化"表现闪烁时，与图形对象原始填充颜色进行对比，交替变化时的填充颜色。

频率：该项指定闪烁速度为慢、适中、快。

变量选择：单击此按钮，弹出"变量选择"对话框，用户可从中选择要进行连接的变量名称。

③ 输入完以上各项内容后，单击"确定"按钮，返回"动画连接"对话框，可以继续创建其他动作，或者单击"返回"按钮返回。

**例 4.2**　颜色变化动画连接示例。在例 4.1 的基础上，增加了一个"传感器"图形对象。进入运行后，当三角游标的位置超过 50 时，"传感器"开始闪烁，同时三角游标的颜色也由红色变为绿色。

具体步骤如下：

① 在图 4.3 的基础上，添加一个"传感器"图形对象，如图 4.12 所示。

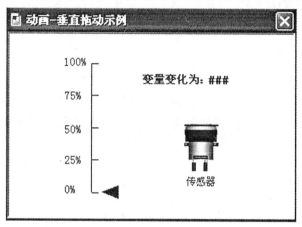

图 4.12　颜色变化动画连接示例

② 三角游标的条件变化动画连接。双击三角游标，出现图 4.1 所示对话框，选择"颜色变化/条件"按钮后，出现图 4.10"颜色变化/条件"对话框，在表达式输入框内输入"move <50"，值为真时颜色为红色，值为假时颜色为绿色，然后单击"确定"按钮返回到"动画连接"对话框。

③ "传感器"图形对象的动画连接。双击该对象后，出现图 4.1 所示对话框，选择"颜色变化/闪烁"按钮后，出现图 4.11"颜色变化/闪烁"对话框，在条件输入框内输入"move > 50"，在属性项中，选择"颜色变化"，"线/文字"项选绿色，"填充色"项选红色，然后单击"确定"按钮返回到"动画连接"对话框。

④ 单击"返回"按钮返回开发环境 Draw。

⑤ 运行"颜色变化动画连接示例"，用鼠标拖动三角游标。当三角游标的位置在 50 以下时，三角游标的颜色为红色，"传感器"不闪烁；当三角游标的位置在 50 以上时，三角游标的颜色为绿色，"传感器"出现闪烁，且填充色为红色，边线为绿色，如图 4.13 所示。

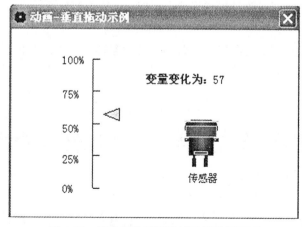

图 4.13　颜色变化动画连接示例运行画面

### 4.2.2 百分比填充

百分比填充连接可以使具有填充形状的图形对象的填充比例随着变量或表达式的值的变化而变化。

**1.垂直填充**

具体步骤如下：

① 创建用于垂直填充连接的图形对象,然后双击该对象进入"动画连接"对话框。

② 选择"百分比填充/垂直",进入"垂直百分比填充"对话框,如图4.14所示。

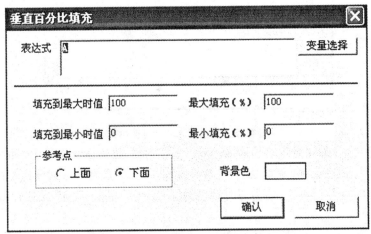

图4.14 "垂直百分比填充"对话框

"垂直百分比填充"对话框说明如下：

表达式:变量名称或表达式。

填充到最大时值:当变量或表达式达到此值时,图形对象的填充形状最大。

填充到最小时值:当变量或表达式达到此值时,图形对象的填充形状最小。

最大填充(%):图形对象的填充形状最大时,填充高度与原始高度的百分比,输入范围:0~100。

最小填充(%):图形对象的填充形状最小时,填充高度与原始高度的百分比,输入范围:0~100。

背景色:用于设定图形对象在运行时显示的背景颜色。单击颜色框内区域,出现调色板窗口,选择一种颜色作为背景色。在运行时,填充过程采用图形对象原始颜色覆盖背景色的方式进行。

参考点:对于垂直填充连接,参考点决定填充进行的方向。如果参考点为下面,参数或表达式值由小变大时,填充区域由下至上增大;如果参考点为上面,填充区域由上至下增大。

变量选择:单击此按钮,弹出"变量选择"对话框,用户可从中选择要进行连接的变量名称。

③ 输入完以上各项内容后,单击"确认"按钮,返回"动画连接"对话框,可以继续创建

其他动作,或者单击"返回"按钮返回。

**2. 水平填充**

水平填充连接的建立方法与垂直填充连接的建立方法类似,只是填充区域是在水平方向上变化的。

# 4.3　对象的尺寸及位置动画连接

可以把变量值与图形对象的水平、垂直方向运动或自身旋转运动连接起来,形象地表现客观世界物体运动的状态;也可以把变量与图形对象的尺寸大小连接,让变量反映对象外观的变化。

## 4.3.1　目标移动

**1. 水平移动**

具体步骤如下:

① 首先要确定拖动对象在水平方向上移动的距离(用像素表示)。可画一条参考水平线,水平线的两个端点对应拖动目标移动的左右边界,记下线段的长度(线在选中的状态下,其长度显示在工具箱的状态区中)。

② 水平移动图形对象,使对象与参考线段的左端对齐,删除参考线段。然后双击对象进入"动画连接"对话框。

③ 选择"目标移动/水平",进入"水平/垂直移动"对话框,如图 4.15 所示。

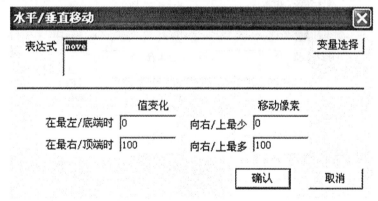

图 4.15　"水平/垂直移动"对话框

"水平/垂直移动"对话框说明如下:

表达式:变量名称或表达式。

在最左/底端时(值):使图形目标移动到最左端时变量需要设定的低限值。

在最右/顶端时(值):使图形目标移动到最右端时变量需要设定的低限值。

向右/上最少(移动的像素):使图形目标移动到最左端时,其位置在水平方向上偏离原始位置的像素数。

向右/上最多(移动的像素):使图形目标移动到最右端时,其位置在水平方向上偏离原始位置的像素数。

变量选择:单击此按钮,弹出"变量选择"对话框,用户可从中选择要进行连接的变量名称。

④ 输入完以上各项内容后,单击"确认"按钮,返回"动画连接"对话框,可以继续创建其他动作,或者单击"返回"按钮返回。

**2.垂直移动**

垂直移动连接的建立方法与水平移动连接的建立方法类似。

**3.旋转**

旋转连接能使图形对象的方位随着变量或表达式的值的变化而变化。具体步骤如下:

① 创建旋转图形对象,然后双击该对象进入"动画连接"对话框。

② 选择"目标移动/旋转",进入"目标旋转"对话框,如图4.16所示。

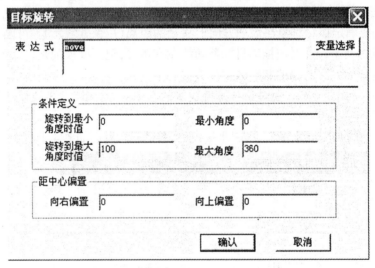

图4.16 "目标旋转"对话框

"目标旋转"对话框说明如下:

表达式:变量名称或表达式。

旋转到最小角度时值:设定为此数值时,图形对象偏离原始位置的角度为最小角度。

旋转到最大角度时值:设定为此数值时,图形对象偏离原始位置的角度为最大角度。

最小角度:图形对象在旋转时偏离原始位置的最小角度。

最大角度:图形对象在旋转时偏离原始位置的最大角度。

向右偏置:旋转轴心从图形对象的几何中心在水平方向向右的偏移量(以像素为单位)。如果此值设定为0,表示图形对象的旋转轴心处于图形对象几何中心的水平方向上。

向上偏置:旋转轴心从图形对象的几何中心在垂直方向向上的偏移量(以像素为单位)。如果此值设定为0,表示图形对象的旋转轴心处于图形对象几何中心的垂直方向上。

变量选择:单击此按钮,弹出"变量选择"对话框,用户可从中选择要进行连接的变量名称。

③ 输入完以上各项内容后,单击"确认"按钮,返回"动画连接"对话框,可以继续创建其他动作,或者单击"返回"按钮返回。

**注意**:角度采用的单位是度,不是弧度。

### 4.3.2　尺寸变化连接

尺寸变化连接是指图形对象的尺寸随着变量或表达式的值的变化而变化。

**1.宽度变化**

具体步骤如下:

① 创建宽度变化图形对象,然后双击该对象进入"动画连接"对话框。

② 选择"尺寸/宽度",进入"宽度变化"对话框,如图 4.17 所示。

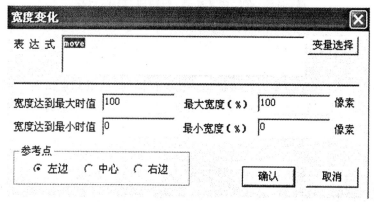

图 4.17　"宽度变化"对话框

"宽度变化"对话框说明如下:

表达式:变量名称或表达式。

宽度达到最大时值:当变量或表达式达到此值时,图形对象尺寸达到最大宽度。

宽度达到最小时值:当变量或表达式达到此值时,图形对象尺寸达到最小宽度。

最大宽度(%):图形对象尺寸达到最大宽度时与原始宽度尺寸的百分比。

最小宽度(%):图形对象尺寸达到最小宽度时与原始宽度尺寸的百分比。

参考点:图形对象发生变化时的参考点。参考点可以在对象左边、中心或右边。

变量选择:单击此按钮,弹出"变量选择"对话框,用户可从中选择要进行连接的变量名称。

③ 输入完以上各项内容后,单击"确认"按钮,返回"动画连接"对话框,可以继续创建其他动作,或者单击"返回"按钮返回。

**2.高度变化连接**

高度变化连接的建立方法与宽度变化连接的建立方法类似。"高度变化"对话框如图4.18 所示。

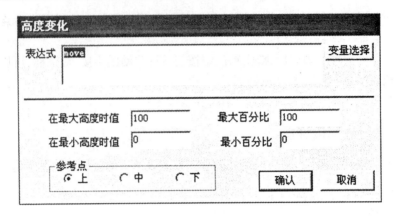

图 4.18　"高度变化"对话框

# 4.4　数值输入和输出连接

## 4.4.1　数值输入

输入连接可使图形对象变为触敏状态。在运行期间,当鼠标点击对象或直接按下设定的热键后,系统出现输入框,提示输入数据。输入数据后按回车确认,与图形对象连接的变量值被设定为输入值。

**1.模拟输入**

模拟输入连接中与对象连接的变量为模拟量。具体步骤如下:

① 创建模拟输入连接图形对象,然后双击该对象进入"动画连接"对话框。

② 选择"数值输入/模拟",进入"数值输入"对话框,如图 4.19 所示。

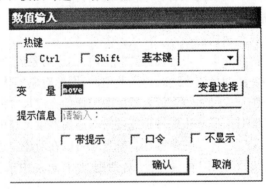

图 4.19　"数值输入"对话框

"数值输入"对话框说明如下:

热键:用键盘上某个键或键组合来触发数值输入动作。在基本键中选择 F1～F12、A～Z、Space 等基本键。可选择 Ctrl、Shift 键作为组合键。

变量:变量名称或表达式。变量或表达式中涉及的变量的数据类型必须为实型、整型或开关量。

带提示：选择此项，输入框变为带有提示信息和软键盘的形式，如图 4.20 所示。

| 请输入： | 请输入： |
|---|---|
| 0.000000 | ******** |

图 4.20　带有提示信息的软键盘 　　　　　图 4.21　带有口令的软键盘

口令：选择此项，在输入框输入的字符不在屏幕上显示，如图 4.21 所示。

不显示：此选项只对"字符串输入连接"有效。

提示信息：在输入框内显示的提示信息。

③ 输入完以上各项内容后，单击"确认"按钮，返回"动画连接"对话框，可以继续创建其他动作，或者单击"返回"按钮返回。

**2．字符串输入连接**

字符串输入连接中的连接变量为字符串变量。

字符串输入连接的创建方法和模拟输入连接的创建方法类似。惟一的区别是连接的变量的数据类型是字符串变量。

**3．开关量输入连接**

开关量输入连接中的变量为开关量。具体步骤如下：

① 创建开关量输入连接图形对象，然后双击该对象进入"动画连接"对话框。

② 选择"数值输入/开关"，进入"开关量"连接定义对话框，如图 4.22 所示。

图 4.22　"开关量"对话框

"开关量"对话框说明如下：

热键：用键盘上某个键或键组合来触发数值输入动作。在基本键中选择 F1～F12、A～Z、Space 等基本键。可选择 Ctrl、Shift 键作为组合键。

变量：变量名称或表达式。变量或表达式中涉及的变量的数据类型必须为整型或开关量。

提示：提示信息。

枚举量：选中此按钮，则为枚举形式输入，然后单击"枚举量"选项卡，输入信息，如图4.23 所示；否则为开关量输入。

图 4.23　"枚举量"对话框

输入信息/开：输入位号值为"开"时的提示信息。该信息显示在输入提示框中。

输入信息/关：输入位号值为"关"时的提示信息。该信息显示在输入提示框中。

输出信息/开：输入位号值为"开"时的输出信息。

输出信息/关：输入位号值为"关"时的输出信息。

若选择枚举量标签将出现如图 4.23 所示对话框。在该对话框中输入枚举量为不同值(从 0 至 7)时对应的输出信息。

③ 输入完以上各项内容后，单击"确认"按钮，返回"动画连接"对话框，可以继续创建其他动作，或者单击"返回"按钮返回。

### 4.4.2　数值输出

数值输出连接能使文本对象(包括按钮)动态显示变量或表达式的值。需要注意的是，图形对象必须为文本或按钮，并且文本或按钮中的文字表明了输出格式。文本宽度即为输出文本的宽度。

#### 1.模拟输出连接

模拟输出连接中对象连接的变量为模拟量。具体步骤如下：

① 创建模拟输出连接图形对象。文本中左起第一个小数点前面的字符个数为整数部分位数,后面的字符个数为小数部分位数。若没有小数点,则表示不显示小数部分。然后双击该对象进入"动画连接"对话框。

② 选择"数值输出/模拟",进入"模拟值输出"对话框,如图 4.24 所示。单击"变量选择"按钮,选择要进行连接的变量。

图 4.24　"模拟值输出"对话框

③ 在"表达式"输入框中输入模拟变量或表达式。

④ 输入完以上各项内容后,单击"确认"按钮,返回"动画连接"对话框,可以继续创建其他动作,或者单击"返回"按钮返回。

**2. 字符串输出连接**

字符串输出连接中对象连接变量的数据类型为字符型。字符串输出连接的建立方法与模拟量输出连接的建立方法类似,只是表达式输入框中应填写字符型变量或字符型表达式。

**3. 开关输出连接**

开关输出连接中对象连接变量为离散型变量。具体步骤如下:

① 创建开关输出连接图形对象,双击该对象进入"动画连接"对话框。

② 选择"数值输出/开关",进入"开关量输出"对话框,如图 4.25 所示。

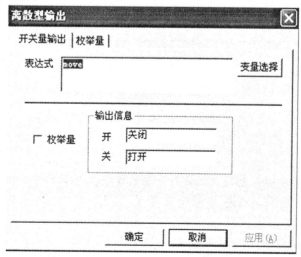

图 4.25　"开关量输出"对话框

"开关量输出"对话框说明与开关量输入连接相同。

③ 输入完以上各项内容后,单击"确认"按钮,返回"动画连接"对话框,可以继续创建其他动作,或者单击"返回"按钮返回。

# 4.5　杂　　项

## 4.5.1　一般性动作

一般性动作在图形对象所在的窗口被打开时和打开期间触发,在窗口被关闭后停止。具体步骤如下:

① 双击选中的图形对象进入"动画连接"对话框。

② 选择"杂项/一般动作",出现定义动作的脚本编辑器对话框,如图 4.26 所示。

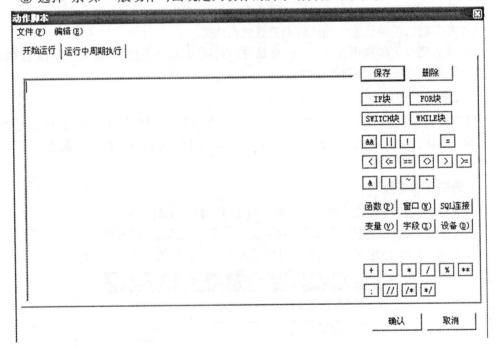

图 4.26　"脚本编辑器"对话框

关于对话框中的功能按钮以及脚本语法在后面的章节中介绍。

## 4.5.2　显示/隐藏

显示/隐藏动作可以控制图形的显示或隐藏效果。具体步骤如下:

① 双击选中的图形对象进入"动画连接"对话框。

② 选择"杂项/显示/隐藏",进入对话框,如图 4.27 所示。

"杂项/显示/隐藏"对话框说明如下:

表达式:变量名称或表达式。变量或表达式中涉及的变量的数据类型必须为实型、整

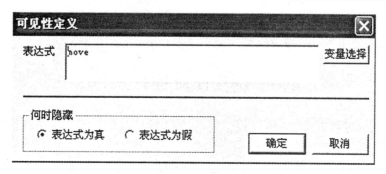

图 4.27 "杂项/显示/隐藏"对话框

型或开关量。

何时隐藏:若选择"表达式为真",则当表达式成立时,图形隐藏;若选择"表达式为假",则当表达式不成立时,图形隐藏。

③ 输入完以上各项内容后,单击"确认"按钮,返回"动画连接"对话框,可以继续创建其他动作,或者单击"返回"按钮返回。

### 4.5.3 流动

该动作可以形成流体流动的效果。具体步骤如下:

① 双击选中的图形对象进入"动画连接"对话框。

② 选择"杂项/流动属性",进入对话框,如图 4.28 所示。

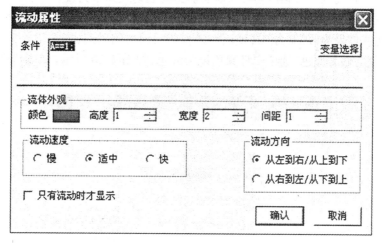

图 4.28 "杂项/流动属性"对话框

"杂项/流动属性"对话框说明如下:

条件:用于设定流动启动的条件判断语句。其值为真时才流动。

流体外观:可以设定流体颜色、高度、宽度和间距。

流体速度:有慢、适中和快三种。

流动方向:可以选择"从左到右/从上到下"和"从右到左/从下到上"。

只有流动时才显示:流动条件成立时显示该对象。

③ 输入完以上各项内容后,单击"确认"按钮,返回"动画连接"对话框,可以继续创建其他动作,或者单击"返回"按钮返回。

# 4.6　制作动画连接示例

本节继续通过第 1 章的仿真工程示例"存储罐液位监控系统",介绍制作动画连接的方法及步骤。

在第 2 章、第 3 章中,我们完成了创建工程画面、创建实时数据库,并与 I/O 设备 PLC1 中的过程数据建立了连接。现在我们又要回到开发环境 Draw 中,通过制作动画连接使图形在画面上随 PLC1 的数据变化而活动起来。

**例 4.3**　"存储罐液位监控系统"动画连接示例。

制作动画连接的方法及具体步骤如下:

(1) 阀门动画连接

① 双击入口阀门对象,出现"动画连接"对话框,如图 4.1 所示。选择"颜色变化/条件"按钮后,出现图 4.10 所示"颜色变化/条件"对话框。单击"变量选择"按钮,出现图 4.29 所示的"变量选择"对话框,在点名栏里选择"IN _ VALVE",在参数列表中选择"PV"参数,然后单击"选择"按钮,在"颜色变化"对话框的表达式的文本框中可以看到变量名"IN _ VALVE.PV",在变量"IN _ VALVE.PV"后输入"= =1"。这里使用的变量 IN _ VALVE.PV 是个状态值,用它代表入口阀门的开关状态。上述表达式如果为真(值为 1),则表示入口阀门为开启状态,如希望入口阀门变成绿色,可以在"值为真时颜色"选项中将颜色设为绿色;上述表达式如果为假(值为 0),则表示入口阀门为关闭状态,如希望入口阀门变成红色,可以在"值为假时颜色"选项中将颜色设为红色,如图 4.30 所示。单击"确认"按钮返回。

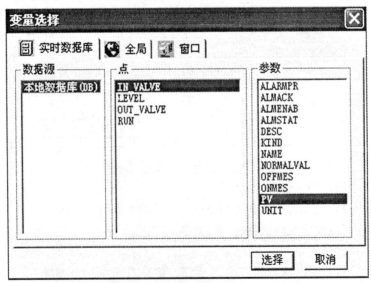

图 4.29　"变量选择"对话框

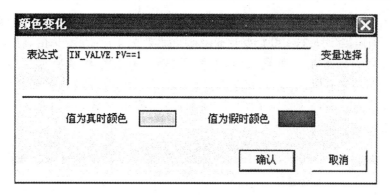

图 4.30　入口阀门"颜色变化/条件"对话框

② 用同样的方法,定义出口阀门的颜色变化条件及相关的变量,如图 4.31 所示。

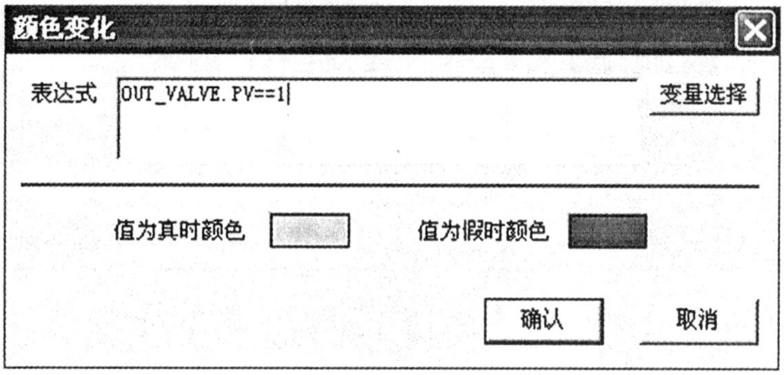

图 4.31　出口阀门"颜色变化/条件"对话框

(2) 存储罐液位动画连接

将存储罐的液位通过数值的方式显示,并且代表存储罐矩形体内的填充体的高度也能随着液位值的变化而变化,便可以仿真存储罐的液位变化了。

① 处理液位值的显示。选中存储罐下面的符号"＃＃＃＃.＃＃＃"后双击,出现"动画连接"对话框,如图 4.1 所示。我们要让"＃＃＃＃.＃＃＃"符号在运行时显示液位值的变化,选择连接"数值输出/模拟",单击"模拟"按钮,在对话框中单击"变量选择"按钮,在出现的如图 4.29 所示的"变量选择"对话框中,选择点名"LEVEL",在参数列表中选择"PV"参数,然后单击"选择"按钮,在"条件表达式"输入框中自动加入了变量名"LEVEL.PV",如图 4.32 所示。这样,系统在运行时,"＃＃＃＃.＃＃＃"符号显示液位值的变化。

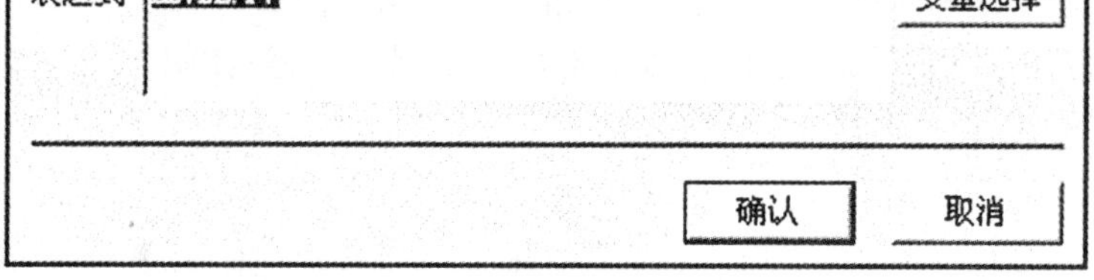

图 4.32　存储罐的液位值"＃＃＃＃.＃＃＃"的"模拟值输出"对话框

② 表示存储罐液位的矩形填充体动画连接。双击表示存储罐液位的矩形后,出现图4.1所示"动画连接"对话框。我们要让表示存储罐液位的矩形填充体的高度在垂直方向上变化。选择"百分比填充/垂直",单击"垂直"按钮,弹出图4.14所示"百分比填充/垂直"对话框,在"表达式"项内输入"LEVEL.PV";在"背景色"的选项中将颜色设为红色,如图4.33所示,单击"确认"按钮返回。这样,表示存储罐液位的矩形填充高度也能随着液位值的变化而变化,就能更加形象地显示存储罐的液位变化了。

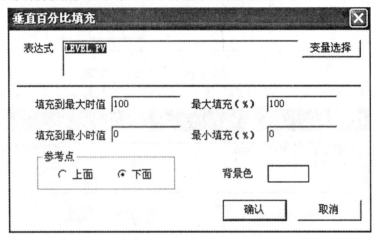

图 4.33　矩形填充体"垂直百分比填充"对话框

(3) 控制按钮的动画连接

下面定义两个按钮的动作来控制系统的启停。

① 双击"开始"按钮后,出现图4.1所示的"动画连接"对话框。选择"触敏动作/左键动作"按钮,弹出脚本编辑器对话框,选择"按下鼠标"事件,在脚本编辑器里输入"RUN.PV = 1",如图4.34所示。这个设置表示,当鼠标按下"开始"按钮后,变量 RUN.PV 的值被设为 1,相应地 PLC1 中的程序被启动运行。

② "停止"按钮的动画连接同"开始"按钮相同,只是在脚本编辑器里输入"RUN.PV = 0";当鼠标按下"停止"按钮后,变量 RUN.PV 的值被设为 0,相应地 PLC1 中的程序被停止运行。

经过上述步骤后,制作动画连接工作完成。

保存所有组态内容,在 Draw 环境下,选择菜单命令"文件(F)/进入运行",运行我们制作的"存储罐液位监控系统"仿真工程示例。在进入运行界面中,单击"开始"按钮,开始运行 PLC1 中的程序。这时会看到入口阀门的颜色变为绿色,表示阀门打开,而出口阀门的颜色为红色,表示阀门关闭,存储罐液位开始上升。当存储罐即将被注满时,入口阀门关闭,出口阀门打开,存储罐液位开始下降,然后重复以上过程,如图4.35所示。可以在任何时候单击"停止"按钮来终止这个过程。

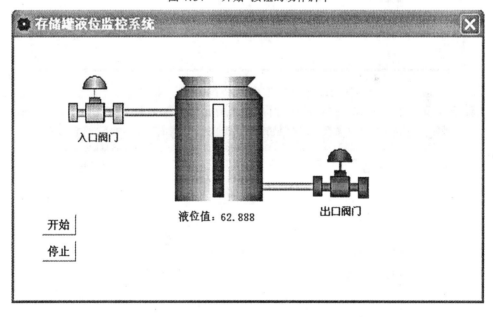

图 4.34 "开始"按钮的动作脚本

图 4.35 "存储罐液位监控系统"仿真工程运行界面

# 习　　题

4.1　创建如习题图 4.1 所示的画面(画面中的多数图形对象可到力控的子图库中选取),定义两个窗口中间变量 ABC(离散型)和 MOVE(实型)。要求是:①"火车头"、3 个"油罐车"图形对象做水平移动;②"直升飞机"图形对象做垂直移动;③"信号灯"图形对象颜色变化;④上述图形对象的属性变化由"开关"图形对象来控制,当"开关"为"1"时,"火车头"、3个"油罐车"向左移动,"直升飞机"向上移动,"信号灯"发生闪烁;当"开关"为"0"时,"火车头"、3个"油罐车"向右移动,"直升飞机"向下移动,"信号灯"不闪烁。"开关"由用户通过鼠标控制闭合(为"1")或断开(为"0")。

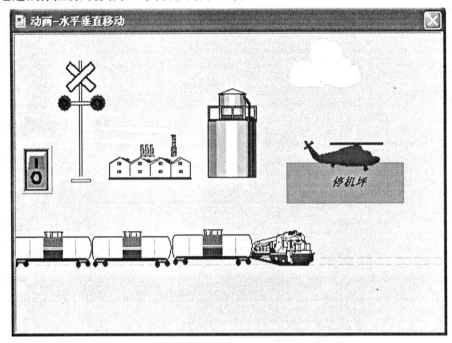

习题图4.1 图形对象"水平、垂直移动"、"闪烁"画面

提示:(1)"火车头"、3个"油罐车"图形对象的组态可如习题图4.2所示。

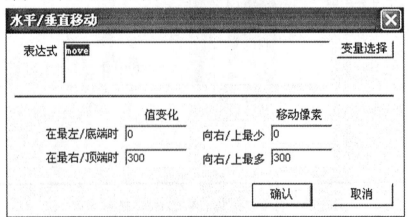

习题图4.2 "火车头"、3个"油罐车"图形对象的组态

(2)"直升飞机"图形对象的组态可如习题图4.3所示。

(3)"信号灯"图形对象的组态可如习题图4.4所示。

(4)"开关"图形对象的组态可如习题图4.5所示。

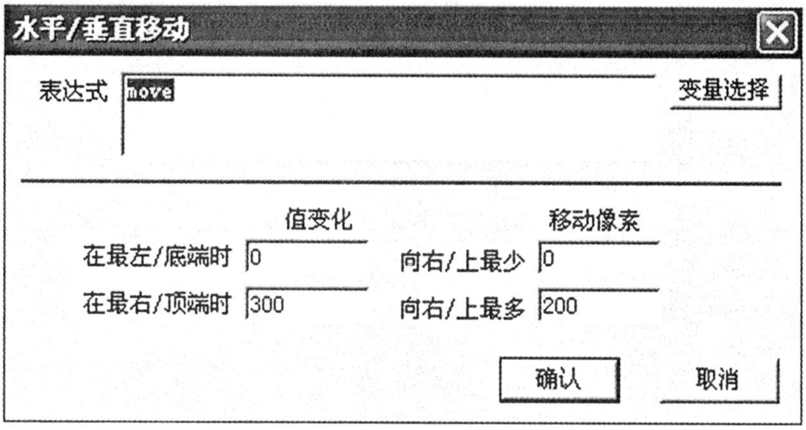

习题图 4.3 "直升飞机"图形对象的组态

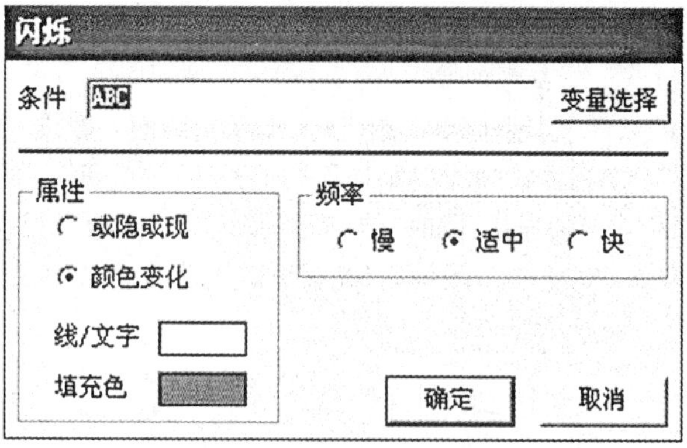

习题图 4.4 "信号灯"图形对象的组态

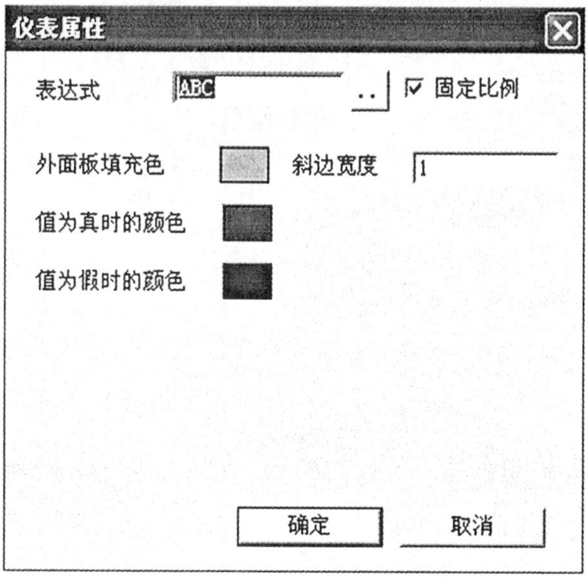

习题图 4.5 "开关"图形对象的组态

(5) 选择 Draw 的菜单命令"特殊功能/动作/窗口",打开脚本编辑器,在"进入窗口"脚本编辑区域,输入脚本:

　　　abc = 0;

　　　move = 0;

在"窗口运行周期执行"脚本区域,输入脚本:

　　　IF abc = = 1 then

　　　　if move < = 300 then

　　　　　move = move + 1;

　　　　endif

　　　ELSE

　　　　if move > = 0 then

　　　　　move = move − 1;

　　　　endif

　　　ENDIF

　　4.2　在例 4.3 的基础上,创建如习题图 4.6 所示的画面。要求:①"反应罐"和"存储罐"图形对象与变量"LEVEL.PV"建立动画连接;②"开关"、"电机"、"泵"、"传感器"图形对象与变量"RUN.PV"建立动画连接,同时"传感器"在"开关"闭合后发生闪烁现象;③表示"液体"的矩形图形对象,在"开关"闭合后,具有液体流动的效果,如习题图 4.7 所示。

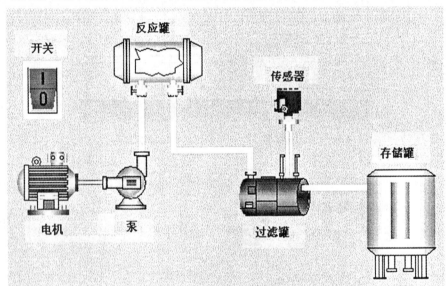

习题图 4.6　图形对象"液体"流动组态画面

　　提示:(1)"反应罐"图形对象与变量"LEVEL.PV"建立动画连接的组态如习题图 4.8所示,"存储罐"的组态同"反应罐",但要在习题图 4.8 中的"表达式"输入框中输入:

　　"LEVEL.PV"。

　　(2)"开关"、"电机"、"泵"、"传感器"图形对象与变量"RUN.PV"建立动画连接的组态如习题图 4.9 所示,"传感器"的闪烁组态如习题图 4.10 所示。

反应罐
开关
传感器
存储罐
电机
泵
过滤罐

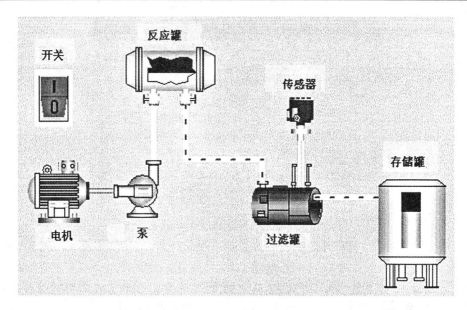

习题图4.7 图形对象“液体”流动运行画面

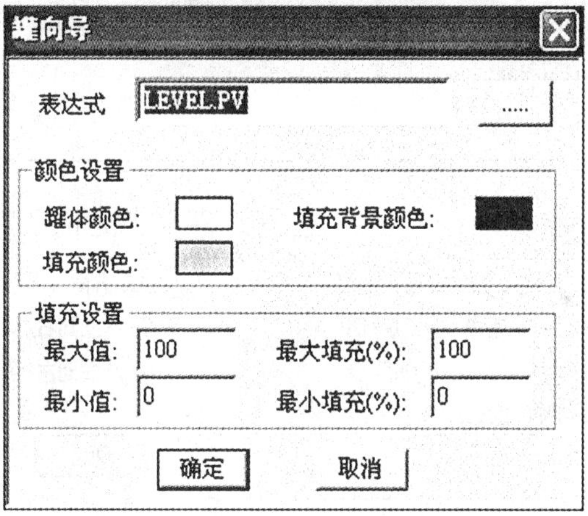

罐向导
表达式
LEVEL.PV
.....
颜色设置
罐体颜色:
填充背景颜色:
填充颜色:
填充设置
最大值:
100
最大填充(%):
100
最小值:
0
最小填充(%):
0
确定
取消

习题图4.8 “反应罐”和“存储罐”图形对象的组态

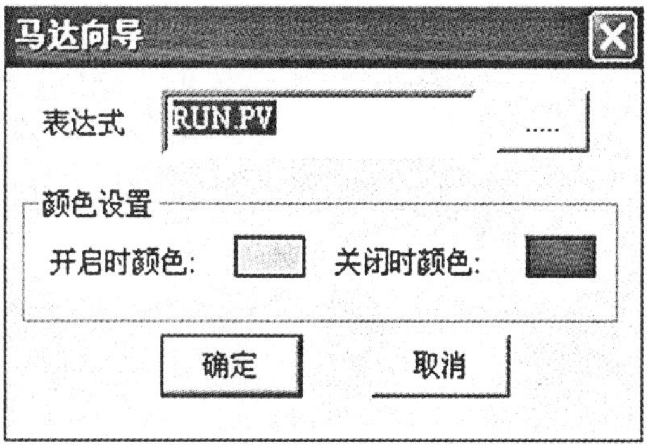

马达向导
表达式
RUN.PV
.....
颜色设置
开启时颜色:
关闭时颜色:
确定
取消

习题图4.9 “开关”、“电机”、“泵”、“传感器”图形对象的组态

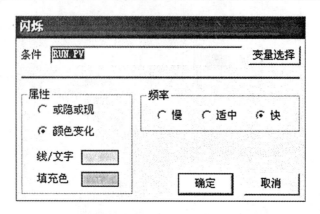

习题图 4.10  "传感器"图形对象的组态

(3) 表示"液体"的矩形图形对象的组态如习题图 4.11 所示。需要说明的是,和"反应罐"相连接的矩形图形对象,在组态时,要注意习题图 4.11 所示对话框中的"流动方向"的选择,左边的矩形图形对象选择的是"从右到左/从下到上",其他的矩形图形对象选择的是"从左到右/从上到下"。

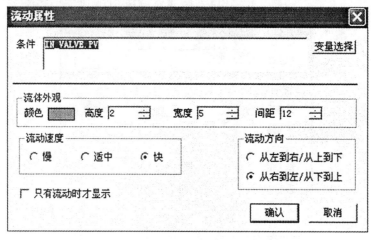

习题图 4.11  表示"液体"的矩形图形对象的组态

# 第 5 章　动　作　脚　本

　　组态软件提供了一个类 Basic 语言的编程工具,称为脚本编辑器,如图 5.1 所示。脚本提供了大量的函数和逻辑、算术运算符供使用者调用,以扩充组态软件的处理能力,增强其功能。用脚本编辑器编制的程序可以由事件触发调用,可以周期性地执行,也可以在一定条件下执行,使用灵活,适合一些复杂的应用。脚本程序(有的组态软件也写作 Action)是组态软件的一种内置程序语言。

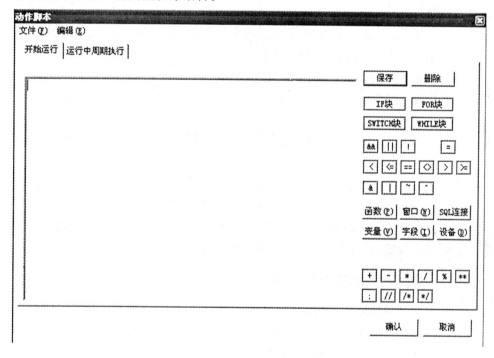

图 5.1　脚本编辑器

　　力控提供动作脚本,其目的是增强对应用程序控制的灵活性。如按下某一按钮,打开某一窗口;当某一变量的值变化时,用脚本触发一系列的逻辑控制、连锁控制;改变图形对象的颜色、大小等;控制图形对象的运动等等。

　　在力控中,每个图形对象都有各自的属性。在运行时,可以动态改变对象属性字段的值来改变其属性。一个属性字段对应一种或几种图形对象的动态/静态特征。属性字段的引用格式为"对象名.字段名"。当在对象脚本中引用对象本身属性字段时,可以用"This.字段名"。

# 5.1　动作脚本类型

所有动作脚本都是由事件驱动的。事件可以是数据改变、条件、鼠标或键盘、计时器等。处理顺序由应用程序指定。不同类型的动作脚本决定在何处以何种方式加入控制。

动作脚本类型有以下两种：

（1）对象动作脚本

执行动作与图形对象直接相关的脚本，称做对象动作脚本。对象动作脚本分为触敏性动作脚本和一般性动作脚本。

触敏性动作脚本在图形对象被点击（左键）时执行；一般性动作脚本在图形对象所在窗口被打开期间执行。

应用程序加入对象脚本的方法：双击选中的图形对象，在"动画连接"对话框中选择"触敏动作/左键动作"或"杂项/一般性动作"。

（2）命令动作脚本

命令动作脚本用于创建窗口、应用程序、数据改变、按键和条件等动作脚本。

# 5.2　对象动作脚本

图形对象的触敏性动作脚本可用于完成界面与用户之间的交互式操作，而图形对象的一般性动作脚本可用于完成对图形对象本身各种属性改变的控制（如按照某种条件的变化实现对图形对象动态地显示或隐藏）或其他控制。通过该动作脚本还可以控制基本的组件，如趋势、报警、总貌组件，Windows 内部控件等。

## 5.2.1　触敏性动作脚本的创建

创建触敏性动作脚本的具体步骤如下：

① 创建要加入动作脚本的图形对象。

② 双击对象，出现"动画连接"对话框。

③ 选择"触敏动作/左键动作"，在弹出的脚本编辑器内输入脚本。

**例 5.1**　创建一矩形对象，当单击矩形对象时，矩形的颜色为红色；释放鼠标后，矩形的颜色为黑色。

具体步骤如下：

① 在 Draw 中的当前窗口画面中，创建一个矩形对象。

② 双击矩形对象，进入"动画连接"对话框，选择"触敏动作/左键动作"，弹出触敏性动作脚本编辑器。

③ 在"按下鼠标"编辑器中，填写脚本如下：

　　　this . FColor = 255；

"鼠标按着周期执行"编辑器中，填写脚本如下：

$$a = a + 5;$$

"释放鼠标"编辑器中,填写脚本如下:

this. FColor = 0;

④ 单击"确认"按钮(如要求定义变量 a,定义 a 为中间变量)。

⑤ 在画面上建立一个变量显示对象,显示变量 a 的值。

⑥ 在 Draw 中将画面"保存",然后单击菜单命令"文件(F)/进入运行",进入运行系统 View 中,观察动作效果。

此时,单击该矩形(矩形填充颜色变为黑色),按着鼠标一段时间,可见 a 值的变化效果,释放鼠标,看到矩形颜色变为红色,如图 5.2 所示。

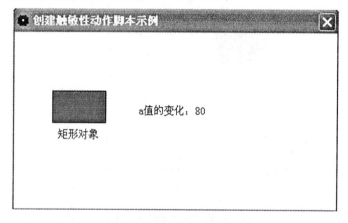

图 5.2 触敏性动作脚本示例

说明:"this. Fcolor"表示矩形对象的颜色属性,Fcolor 的取值范围为 0～255,颜色值即为调色板的颜色索引编号。颜色索引编号 0 为红色、255 为黑色。

### 5.2.2 一般性动作脚本的创建

创建一般性动作脚本的具体步骤如下:

① 创建要加入动作脚本的图形对象。

② 双击对象,出现"动画连接"对话框。

③ 选择"杂项/一般性动作",在弹出的脚本编辑器内输入脚本。

**例 5.2** 创建一矩形对象,该矩形对象受变量 c(窗口中间变量)的控制。当变量 c 的值是 100 时,矩形对象是可见的;当变量 c 的值不是 100 时,矩形对象是隐藏的。

具体步骤如下:

① 在 Draw 中的当前窗口画面中,创建一个矩形对象。

② 双击矩形对象,进入"动画连接"对话框,选择"杂项/一般性动作",弹出触敏性动作脚本编辑器。

③ 打开"运行中周期执行"编辑区域,填写脚本如下:

IF c = = 100 THEN

Show( ); //如果 c 的值为 100,则显示矩形

ELSE

　　Hide( )；//如果 c 的值不为 100,则隐藏矩形

ENDIF

④ 单击"确认"按钮,回到 Draw 环境。

⑤ 在 Draw 中将画面"保存",然后单击菜单命令"文件(F)/进入运行"。进入运行系统 View 中,首先给变量 c 赋值,分别赋值为 100 和不为 100 的任意数值,观察矩形的显示和隐藏情况,如图 5.3、图 5.4 所示。

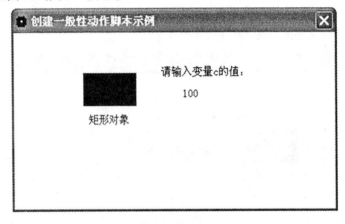

图 5.3　一般性动作脚本示例(c = 100 时)

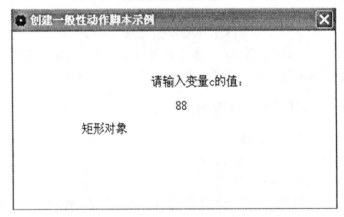

图 5.4　一般性动作脚本示例(c ≠ 100 时)

## 5.3　应用程序动作脚本

　　应用程序动作脚本的作用范围为整个应用程序,可以在这种脚本中调用其他应用程序、完成数值计算等。

　　若要创建应用程序动作脚本,选择菜单命令"特殊功能(S)/动作/应用程序"。根据执行条件,应用程序动作脚本有 3 种:

　　① 进入程序:在应用程序启动时执行一次。

② 程序运行周期执行:在应用程序运行期间周期性地执行(周期可以指定)。

③ 退出程序:在应用程序退出时执行一次。

**例 5.3**　在画面上建立一个变量显示文本对象,当应用程序运行时,可以显示变量 c 的值。

具体步骤如下:

① 在 Draw 中的当前窗口画面中,创建一个文本对象。

② 定义一中间变量 c,并将 c 和文本对象建立"数值输出/模拟"连接。

③ 选择 Draw 导航器下的"动作/应用程序",打开脚本编辑器。

④ 在"进入程序"脚本区域,输入脚本:c = 0;

⑤ 在"程序运行周期执行"脚本区域,输入脚本:

  IF c < = 100 THEN

   c = c + 10;

  ELSE

   c = 0;

  ENDIF

⑥ 单击"确认"按钮返回到 Draw 环境。

⑦ 在 Draw 中将画面"保存",然后单击菜单命令"文件(F)/进入运行"。

⑧ 进入 View 运行系统,可观察变量 c 的值从 0,10,20… 一直到 110,然后返回又从 0 开始,如图 5.5 所示。

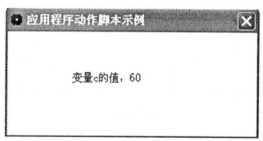

图 5.5　应用程序动作脚本示例

# 5.4　窗口动作脚本

窗口动作脚本的作用范围为窗口。

若要创建窗口动作脚本,选择菜单命令"特殊功能(S)/动作/窗口"。根据执行条件,窗口动作脚本有 3 种:

① 进入窗口:开始显示窗口时执行一次。

② 窗口运行周期执行:在窗口显示过程中以指定周期执行。

③ 退出窗口:在关闭窗口时执行一次。

## 5.5　数据改变动作脚本

数据改变动作脚本以变量的数值改变作为触发事件。每当变量的数值发生变化时,脚本执行一次。

若要创建数据改变动作脚本,选择菜单命令"特殊功能(<u>S</u>)/动作/数据改变",出现数据改变动作脚本编辑器,如图 5.6 所示。

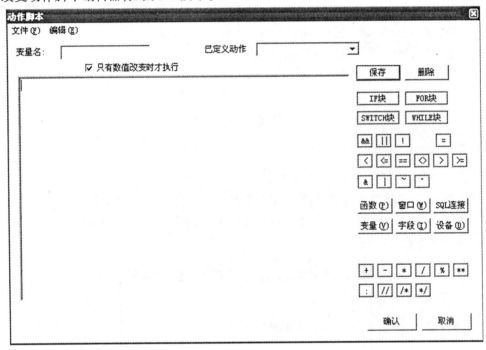

图 5.6　数据改变动作脚本编辑器

数据改变动作脚本编辑器说明如下:

变量名:输入变量名或变量名字段。

已定义动作:下拉框中列出已定义了数据改变动作的列表,可以选择其中一个变量以修改脚本。

**例 5.4**　定义一变量和一图形对象,创建一数据改变动作,当变量的值发生变化时,图形对象的颜色也随之改变。

具体步骤如下:

① 在 Draw 中的当前窗口画面中,创建一个圆形对象和一文本。

② 定义一中间变量 d,并将 d 和文本对象建立"数值输出/模拟"连接。

③ 选择 Draw 导航器下的"动作/应用程序",打开脚本编辑器。

④ 在"进入程序"脚本区域,输入脚本:d = 0;

⑤ 在"程序运行周期执行"脚本区域,输入脚本:

　　　IF d < = 245 THEN

```
    d = d + 10;
ELSE
    d = 0;
ENDIF
```

然后单击"确认"按钮返回到 Draw 环境。

⑥ 右击圆形对象,出现右键菜单,选择"对象命名",定义该圆名称为"round"。

⑦ 选择 Draw 的菜单命令"特殊功能/动作/数据改变",打开如图 5.6 所示的脚本编辑器,并选中"只有数值改变时才执行"。

⑧ 在脚本编辑器内,输入脚本:

＃ round.Fcolor = ＃ round.Fcolor + 5;

上述脚本的含义是:只要变量 d 发生变化,就执行上述语句一次,即圆形对象的颜色就发生一次改变。

⑨ 单击"确认"按钮返回到 Draw 环境。

⑩ 在 Draw 中将画面"保存",然后单击菜单命令"文件(F)/进入运行",进入运行系统 View 中,观察动作效果,如图 5.7 所示。

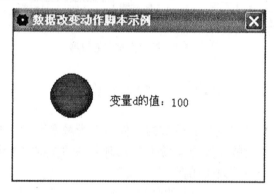

图 5.7　数据改变动作脚本示例

# 5.6　键动作脚本

键动作脚本以按键的动作作为触发事件。

若要创建键动作脚本,选择菜单命令"特殊功能(S)/动作/键",出现键动作脚本编辑器,如图 5.8 所示。根据执行条件,键动作脚本有 3 种:

① 键按下:在键按下瞬间执行一次。

② 按键期间周期执行:在键按下期间循环执行。执行周期取决于"系统参数"里的"动作周期"时间参数。

③ 键释放:在键释放瞬间执行一次。

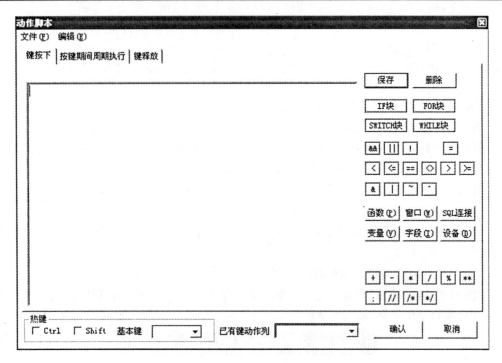

图 5.8    键动作脚本编辑器

# 5.7    条件动作脚本

条件动作脚本以变量或逻辑表达式的条件值作为触发事件。若要创建条件动作脚本,选择菜单命令"特殊功能(S)/动作/条件",出现条件动作脚本编辑器,如图 5.9 所示。

"条件动作脚本编辑器"说明如下:

① 名称:用于指定条件动作脚本的名称。单击后面的"..."按钮,会自动列出已定义的条件动作脚本的名称。

② 条件执行的时机有 4 种:当条件为真时、为真期间、为假时和为假期间。对于为真期间和为假期间执行的动作脚本,需要指定执行的时间周期。

③ 说明:此项用于指定条件动作脚本的说明。

④ 条件选择:有自定义条件和预定义条件两种。对于自定义条件,需要在条件对话框内输入条件表达式;如果要使用预定义条件,选择"预定义"按钮,这时自定义条件表达式的输入框自动消失,同时出现"预定义条件"按钮,单击此按钮,出现对话框,如图 5.10 所示。选择某一种条件类型,并具体指定其他条件。

⑤ 动作:有自定义动作和预定义动作两种。对于自定义动作,需要在自定义条件对话框内输入动作脚本;如果要使用预定义动作,选择"预定义动作"按钮,出现对话框,如图 5.11 所示。

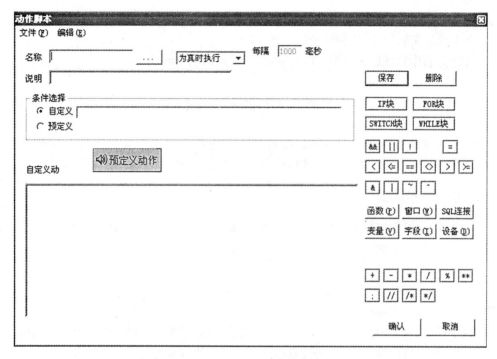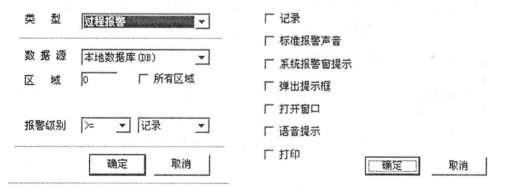

图 5.9　条件动作脚本编辑器

图 5.10　"预定义条件"对话框　　图 5.11　"预定义动作"对话框

预定义动作包含以下几种：

记录：选择此项后，当条件满足时，将形成事件记录。

标准报警声音：选择此项后，当条件满足时，系统将显示报警声音。

标准报警窗提示：选择此项后，当条件满足时，系统将显示报警窗口。

弹出提示框：选择此项后，当条件满足时，系统将弹出一个提示对话框。

打开窗口：选择此项后，当条件满足时，系统将打开窗口。要打开的窗口可以指定。

语音提示：选择此项后，当条件满足时，系统将播放一个语音文件。语音文件可以指定。

打印：选择此项后，当条件满足时，系统将把所有发生的条件的描述信息输出到打印机上。

以上预定义动作可以同时选择一个或多个。

自定义动作和预定义动作可以同时指定,运行时将同时动作。

# 5.8　动作脚本语言

动作脚本就是用动作脚本语言编写的一段程序。动作脚本语言是力控开发系统 Draw 提供的一种自行约定的内嵌式程序语言。它是一种类似 Basic 和 C 的高级语言。

## 5.8.1　表达式

用运算符(操作符)和括号将运算对象(如常量、变量和函数等)连接起来的、符合语法规则的式子,称为表达式。

如　　a = 10;

　　　　a = (b − c) * 20/15;

　　　　# abc.Fcoor = 8;

每个表达式把等号( = )右边表达式的值赋给左边的变量,表达式以分号(;)结束。

注意:表达式以符号" # "开头,表示其后面的有效符号为图形对象的名称。

在开发系统中,每一种对象都有一些共同属性和专有属性。在运行时,对象的属性可以通过改变其属性字段的值而改变。属性字段的引用格式为"对象名.字段名"。当在对象动作脚本中引用对象本身属性字段时,可以用"this"代表对象本身,即"this.字段名"。

## 5.8.2　操作符及优先级

**1.操作符**

(1) 单目操作符

单目操作符是指只允许有一个操作数参与运算的操作符。例如,

~ 取反

! 逻辑非

(2) 双目操作符

双目操作符是指有两个操作数参与运算的操作符。

| 操作符 | 说 明 | 操作符 | 说 明 | 操作符 | 说 明 | 操作符 | 说 明 |
|---|---|---|---|---|---|---|---|
| * | 乘 | % | 取余 | && | 逻辑与 | < > | 不等于 |
| / | 除 | * * | 乘方 | \|\| | 逻辑或 | > | 大于 |
| + | 加 | ^ | 异或 | < | 小于 | > = | 大于等于 |
| − | 减 | & | 按位与 | < = | 小于等于 | | |
| = | 赋值 | \| | 按位或 | = = | 等于 | | |

**2.操作符优先级**

下面列出了操作符的优先级次序。

高优先级

　　( )

　　~ , !

　　* *

　　* , / , %

　　+ , -

　　> , > = , < , < =

　　= = , < >

　　&

　　^

　　|

　　=

　　&&

　　| |

低优先级

## 5.8.3　程序结构

除了顺序结构外,脚本还有分支结构和循环结构。利用分支语句可以构建各种复杂脚本程序;利用循环语句可以创建更为灵活的程序控制。

**1.分支程序结构**

**例 5.5**　分支程序结构示例。

```
IF Fliuid _ tempture > 98 THEN
    Flag _ Alerm = 1;
    Out _ Message = "温度超高";
    PlaySoud("Alert. wav",0);
ELSE
    Out _ Message = "温度正常";
ENDIF
```

在这个例子中,当液体温度超过 98℃时,报警标志位为 1,系统发出声音报警;否则系统的输出信息为"温度正常"。

**2.循环程序结构**

**例 5.6**　WHILE 循环示例。

```
n = 0;
m = 1;
WHILE n < 10 DO
```

　　　　m = m + n;

　　　　n = n + 1; //n 为循环控制变量

　　ENDWHILE

**例 5.7**　FOR 循环示例。

　　m = 0;

　　FOR I = 0 TO 10 STEP 2

　　　　m = m + 1;

　　NEXT

在上例中,循环次数为 5,I 每次增量为 2。执行完后 m 的值为 5。

# 习　题

　　5.1　什么是脚本程序? 组态软件提供动作脚本的目的是什么?

　　5.2　图形对象属性字段的引用格式是怎样的?

　　5.3　动作脚本类型有哪两种?

　　5.4　图形对象的触敏性动作脚本和一般性动作脚本的用途是什么?

　　5.5　触敏性动作脚本在什么情况下执行? 一般性动作脚本在什么情况下执行?

　　5.6　简述应用程序加入对象脚本的方法。

　　5.7　简述创建触敏性动作脚本的步骤,并参考例 5.1 创建一动作脚本,在运行时,当用鼠标左键按下圆形对象时,圆形对象的颜色发生变化。

　　5.8　简述创建一般性动作脚本的步骤,并参考例 5.2 创建一动作脚本,在运行时,当变量 ccc 的值是 80 时,矩形对象是可见的;当变量 ccc 的值不是 80 时,矩形对象是隐藏的。

　　5.9　根据执行条件,应用程序动作脚本有哪 3 种? 在画面上建立一个变量显示文本对象,当应用程序运行时,可以显示变量 c 的值,试创建一应用程序动作脚本。

　　5.10　简述应用程序动作脚本和窗口动作脚本的作用范围。

　　5.11　创建一数据改变动作脚本,当变量的值发生变化时,图形对象的颜色和尺寸也随之改变。

　　5.12　创建一应用程序动作脚本,当反应釜内的液体温度超过 98℃时,报警标志位为 1,系统发出声音报警;否则系统的输出信息为"温度正常"。

# 第6章 运行系统

力控的运行系统 View 用来运行由开发系统 Draw 创建的画面工程。View 为可独立运行的程序。

## 6.1 标准菜单

在缺省情况下,View 提供标准菜单,以供用户进行操作。

### 6.1.1 "文件"菜单

"文件"菜单包括以下 8 个命令项。

**1."打开"命令**

选择该命令,出现"选择窗口"对话框,如图 6.1 所示。

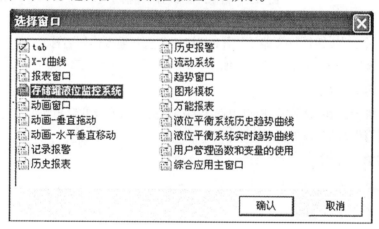

图6.1 "选择窗口"对话框

单击要打开的窗口名称,其背景色变蓝表示已被选中,单击"确认"按钮,打开所选择的窗口。若要打开一个 View 窗口,也可以双击 View 主窗口空白处,或者右击 View 主窗口空白处,出现图 6.2 所示右键菜单,然后选择"打开(O)"命令。

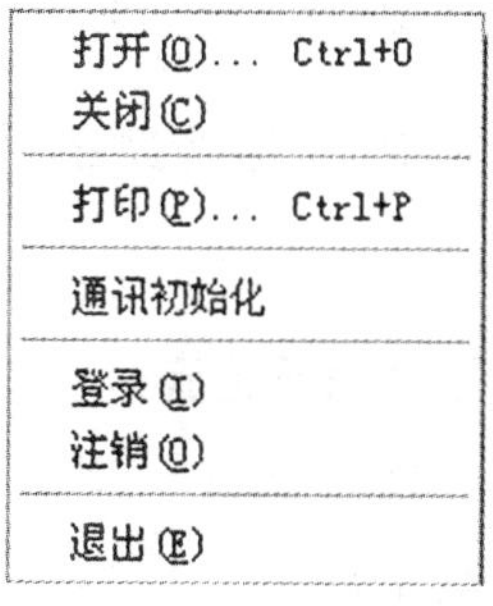

**2."关闭"命令**

选择该命令,关闭当前活动窗口。

**3."全部关闭"命令**

选择该命令,关闭当前所有打开窗口。

图6.2 右键菜单

**4.“快照”命令**

View 提供的快照功能可以记录某一时刻的窗口内容。

若要对一个已打开的 View 窗口进行窗口快照,方法如下:

① 先用鼠标点击窗口,使其成为当前活动窗口。

② 选择该菜单命令,出现“请输入快照名称”对话框,如图 6.3 所示。

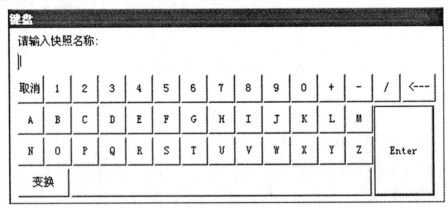

图 6.3 “请输入快照名称”对话框

③ 输入名称后,按下回车键,如果输入的快照名称已经存在,系统提示是否覆盖旧的快照,选择“是[Y]”按钮进行覆盖或“否[N]”按钮后重新输入快照名称。

④ 以上操作完毕后,窗口这一时刻的内容即被记录,并形成文件保存。

**5.“快照浏览”命令**

选择该命令后,在快照浏览窗口中选择要浏览的以前形成的窗口快照名称,所选的快照内容即在快照显示窗口中显示出来。

**6.“打印窗口”命令**

选择该命令,将当前活动窗口的内容打印到系统默认的打印机上。

**7.“进入组态状态”命令**

选择该命令,系统自动切换到开发系统 Draw。

**8.“退出”命令**

选择该命令,View 程序关闭。

## 6.1.2 “特殊功能”菜单

“特殊功能”菜单包括以下 4 个命令项。

**1.事件记录显示**

选择该命令,显示“事件记录”窗口。

**2.登录**

选择该命令,可以进行用户登录。

**3.注销**

选择该命令,注销当前用户身份。

**4.禁止/允许用户操作**

当以某一用户身份登录后,可以选择该命令,禁止或允许对所有数据的下置操作。

# 6.2 自定义菜单

菜单是用户与应用程序进行交换的重要手段。缺省情况下,View 仅提供了一些标准菜单。力控提供的自定义菜单功能,使用户可以根据需要自行设计 View 运行时顶层菜单以及弹出菜单。

与菜单相关的几个概念如下:

顶层菜单:顶层菜单是位于窗口标题下的菜单,运行时一直存在,也称主菜单。顶层菜单中可以包括多级下拉式菜单。

弹出菜单:弹出菜单是右击窗口中对象时出现的菜单,当选取完菜单项后,立即消失。

菜单项分隔线:菜单项按功能分类的标志是一条直线,它使菜单列表更加清晰。

快捷键:快捷键是与菜单功能等价的键盘按键或按键组合,如 Ctrl + C。

## 6.2.1 创建自定义菜单

在 Draw 导航器中选择菜单命令"自定义菜单/主菜单",双击后出现"菜单定义"对话框,如图 6.4 所示。

图 6.4 "菜单定义"对话框

如果选中"使用缺省菜单",系统将不会使用自定义菜单,而是使用标准菜单。

创建自定义菜单的步骤如下:

① 点击"增加/插入"按钮,或者选中一菜单项后按"修改"按钮,将弹出"菜单项定义"对话框,如图 6.5 所示。这时可根据应用程序的需要,设置自定义菜单功能及格式。

图 6.5 "菜单项定义"对话框

"菜单项定义"对话框说明如下:

(i) 选中"分隔线"表示该项为分隔线。

(ii) 标题为在菜单中所见到的菜单项文本。

(iii) 动作下拉框中给出运行时所选择该菜单项时的动作,有些动作需要另外的参数,如选择打开窗口将提示输入窗口名称(动画 - 垂直拖动),如图 6.6 所示。

② 通过"上/下/左/右"按钮可以调整菜单项的位置。

③ 如果在创建自定义菜单过程中,要删除某一菜单项,可选中一菜单项后按"删除"按钮。

④ 如果要在自定义菜单中设置快捷键,可在"菜单项定义"对话框选中快捷键,这时焦点移到右面输入框中,可直接按下要选用的键盘按键或组合键。

⑤ 如果希望所创建的自定义菜单中,某一菜单选项有操作权限,可选中操作权限,其右面将出现一条件定义按钮。按该按钮将出现"条件定义"对话框,如图 6.7 所示。

在该对话框中可以输入限制条件。

## 6.2.2　创建右键菜单

创建右键菜单的步骤如下:

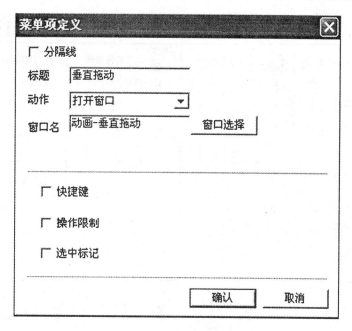

图 6.6 选择打开窗口动作"菜单项定义"对话框

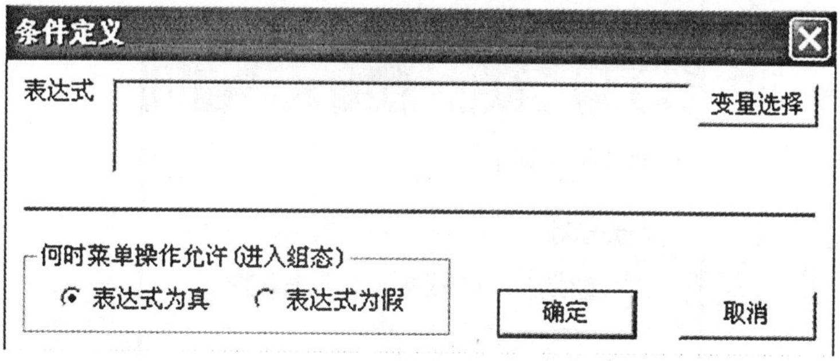

图 6.7 "条件定义"对话框

① 在窗口中选择一对象,双击后出现"动画连接"对话框,如图 6.8 所示。

② 单击"右键菜单"按钮后,出现"右键菜单指定"对话框,如图 6.9 所示。输入或选择弹出菜单名称,再选择好与光标对齐方式后,单击"确定"按钮返回。

在 View 运行时,右击图形对象将出现弹出菜单。如图 6.10 所示。

### 6.2.3 删除右键菜单

在导航器中选择"自定义菜单/右键弹出菜单",单击右键,在右键菜单中选取删除,将删除选中的右键弹出菜单。

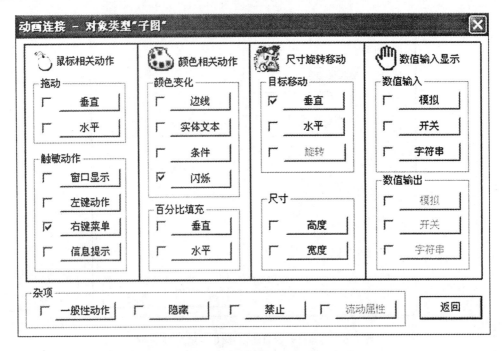

图 6.8　"动画连接"对话框

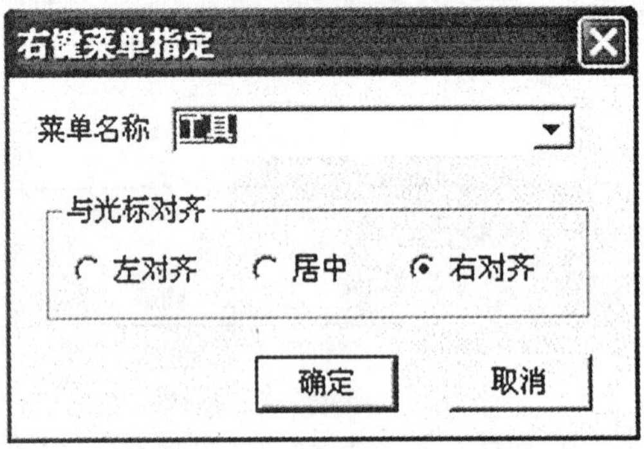

图 6.9　"右键菜单指定"对话框

图 6.10　在 View 运行时的"右键菜单"

# 6.3 安全管理

力控提供了一系列的安全保护功能以保证生产过程的安全可靠。在 View 中,通过设置可以防止意外或非法地关闭系统,进入开发系统修改参数或者对未授权数据进行更改等操作。

## 6.3.1 系统安全管理

当用户在开发系统 Draw 的系统参数中设置了"禁止退出"、"禁止 Alt"、"禁止 Ctrl + Alt + Del"选项时,View 在运行时将提供以下系统安全措施:

① 隐藏菜单命令"文件(F)/进入组态(M)"和"文件(F)/退出(E)"。

② 令系统功能热键"Alt + F4"、"Alt + Tab"、View 的系统窗口控制菜单中的关闭命令以及控制按钮的关闭按钮失效。

③ 令系统热启动组合"Ctrl + Alt + Del"失效。

## 6.3.2 数据安全管理

在很多情况下,用户工程应用中的组态数据和运行数据都涉及安全性问题。如需要禁止普通人员进入组态环境查看或修改组态参数;系统运行时,某些重要运行参数(如重要的控制参数)不允许普通人员进行修改等。

力控针对以上需求提供了数据安全管理功能。

**1.用户管理**

在力控中可以创建 4 个级别的用户:操作工级、班长级、工程师级和系统管理员级。其中操作工的级别与权限最低,而系统管理员最高。高级别的用户可修改低级别用户的属性。

若要创建用户,选择 Draw 菜单命令"特殊功能/用户管理",弹出"用户管理"对话框,如图 6.11 所示。可以进行用户的添加、删除、修改操作。

如果没有创建任何用户,或在进入运行系统时,没有登录到一个已创建用户时,系统缺省提供的访问权限为操作工权限。

**2.防止非法进入开发系统和运行系统**

在某些工程应用中,如果只希望具有较高级别的用户进入开发系统和运行系统,可进行如下设置:

① 在 Draw 的导航器中选择"配置/运行系统参数",出现"系统参数设置"对话框,如图 6.12 所示。

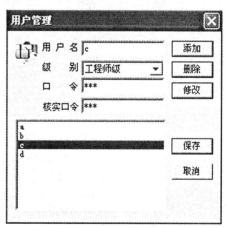

图 6.11 "用户管理"对话框

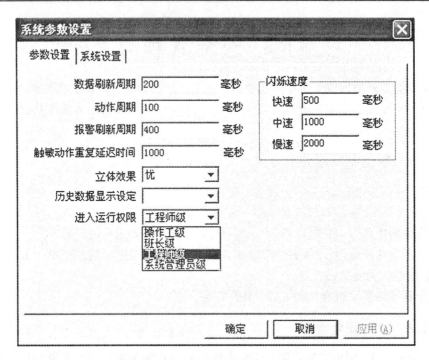

图 6.12　运行系统"系统参数设置"对话框

在参数设置选项卡中设置"进入运行权限"为较高级别,如工程师级。

② 在 Draw 的导航器中选择"配置/开发系统参数",出现"系统参数设置"对话框,如图 6.13 所示。

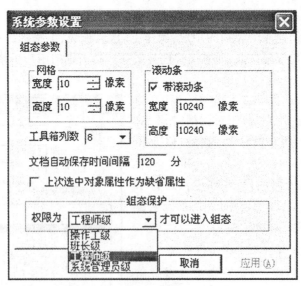

图 6.13　开发系统"系统参数设置"对话框

在组态参数中,设置"权限为＿才可以进入组态"为较高级别。

**3.防止非法修改变量**

力控变量也有4个访问级别:操作工级、班长级、工程师级和系统管理员级。

其中操作工级别最低,系统管理员级别最高。高级别用户可以访问本级别和低级别的变量;低级别用户可以访问本级别而不能访问高级别的变量。

变量的访问级别在 Draw 中进行变量定义时指定。"变量定义"对话框如图 6.14 所示。

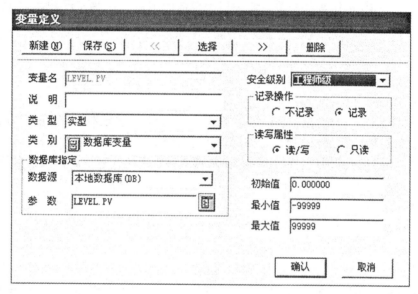

图 6.14 "变量定义"对话框

在运行系统中,若要修改设置了访问级别的变量时,需要首先登录到具有相应级别(或更高级别)的用户上,才能进行修改。

**4.用户登录与注销**

View 在初始启动后,若没有任何用户登录,此时 View 对变量数据的访问级别最低,即操作工级。对于设定了更高级别的变量,当要被越权修改时,View 会出现提示,如图 6.15所示。单击"确定",出现"登录"对话框,如图 6.16 所示。

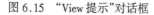

图 6.15 "View 提示"对话框

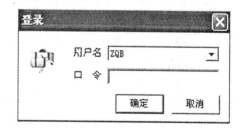

图 6.16 "登录"对话框

在"口令"输入框中输入口令,然后单击"确定"按钮。如果用户口令不正确,系统出现提示,如图 6.17 所示。

**注意**:若要正确登录到 View 上,必须使用在 Draw 中已创建的用户和口令。

若要注销已登录用户,选择 View 菜单命令"特殊功能/注销(O)"或右击 View 工作窗口,在弹出的右键菜单中选择"注销",上一次登录的用户身份即被取消,View 对变量数据的访问级别降回到操作工级。

### 6.3.3　用户管理的程序控制

力控提供相关的函数和变量以实现更为灵活的用户管理。

图 6.17　"View"对话框

**1.函数**

(1) UserPass

语法:UserPass(UserName)

说明:修改用户口令,调用该函数时将出现一用户口令修改对话框,在该对话框中,用户可以改变由参数 UserName 所指定的用户名的口令。

参数:UserName 为用户名称,用字符串常量或字符表达式表示。如果该参数为空值,当前注册用户的口令将被修改。

示例:UserPass("User 1");

(2)UserMan

语法:UserMan( )

说明:增加或删除用户。调用该函数时将出现一用户管理对话框,在该对话框中,用户可以添加新的用户或删除已有的用户。注意:只有权限为工程师级以上的用户才能调出该用户的管理对话框,并且其只能增加或删除比自己权限低的用户。

参数:无。

示例:UserMan( );

**2.系统变量**

(1) $ UserLevel

类型:只读整型。

说明:用户级别,用于限制用户访问的权限。

备注:取值范围 0~3。

用户级别分为 0:操作员;1:班长;2:工程师;3:系统管理员。

(2) $ UserName

类型:只读字符型。

说明:当前用户名。

**例 6.1**　用户管理函数和变量的使用实例。

方法及具体步骤如下:

① 在 Draw 中的用户管理器中建立 4 个用户,分别为:

"a",操作工级,口令"aaa";

"b",班长级,口令"bbb";

"c",工程师级,口令"ccc";

"d",系统管理员级,口令"ddd"。

②　在 Draw 中的窗口中创建两个文本,显示内容分别是"当前用户名称"和"当前用户级别",以及两个变量显示文本框"＃＃＃＃＃＃＃＃",分别显示系统变量"$UserName"和"$UserLevel"。创建两个按钮"修改当前用户口令"和"添加/删除用户"。如图 6.18 所示。

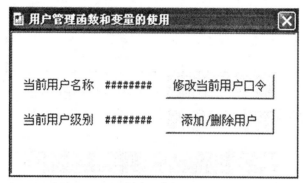

图 6.18　"用户管理函数和变量的使用"组态界面

③　为"修改当前用户口令"按钮创建动画连接"左键动作",在动作脚本编辑器里,输入如下内容:UserPass($UserName);如图 6.19 所示。

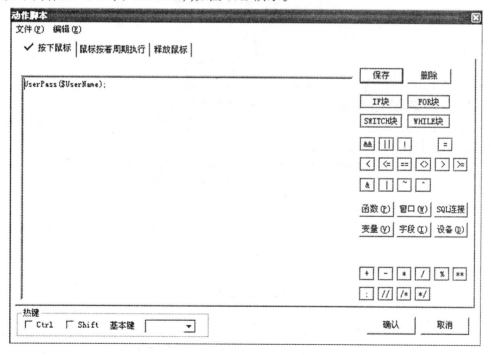

图 6.19　动作脚本编辑器

④　为"添加/删除用户"按钮创建动画连接"左键动作",在动作脚本编辑器里,输入如下内容:"Userman();"

⑤ 进入运行后,以用户"c"登录,则显示如图 6.20 所示。

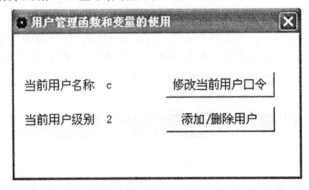

图 6.20 "用户管理函数和变量的使用"运行界面

⑥ 单击按钮"修改当前用户口令",在出现如图 6.21 所示的对话框中,将原口令修改为"123"。

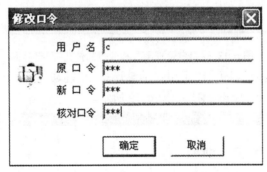

图 6.21 "修改口令"对话框

⑦ 单击"确定",在登录时,用户"c"的口令变为"123"。

⑧ 单击按钮"添加/删除用户",在出现图 6.22 所示的对话框中,选择用户"a",单击"删除"按钮,则用户 a 被删除。

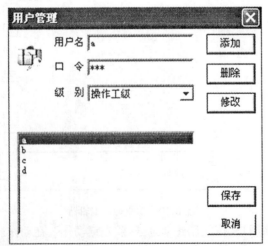

图 6.22 "用户管理"对话框

在"用户管理"对话框中,同样可以添加、删除、修改用户。但要注意,因为是以用户"c"登录的,用户"c"的级别为工程师级,因此,只能对低于工程师级的用户进行"添加/删除/修改"操作。

# 6.4 系统参数

View 在运行时,涉及许多系统参数,这些参数会对 View 的运行性能产生影响。View 的系统参数需要在开发系统中指定。若要设置 View 系统参数,在 View 导航器中选择"配置/系统参数",出现"系统参数设置"对话框,如图 6.23、图 6.24 所示。

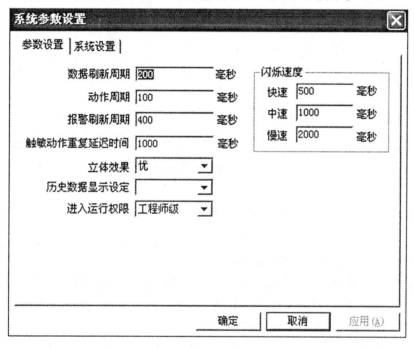

图 6.23 "系统参数设置/参数设置"对话框

**1."系统参数设置/参数设置"对话框**

① 数据刷新周期:运行系统 View 访问实时数据库 DB 实时数据的周期。缺省为 200 毫秒。

② 动作周期:运行系统 View 执行动作脚本动作的基本周期。缺省为 100 毫秒。

③ 报警刷新周期:运行系统 View 访问实时数据库 DB 报警数据的访问周期。缺省为 400 毫秒。

④ 触敏动作重复延迟时间:在运行系统 View 中鼠标按下时对象触敏动作周期执行的时间间隔。

⑤ 立体效果:设置运行时立体图形对象的立体效果,包括优、良、中、低和差 5 个级别。立体效果越好,对计算机资源的使用越多。

⑥ 闪烁速度:组态环境中动画连接的闪烁速度可选择快、中和慢三种。而每一种对

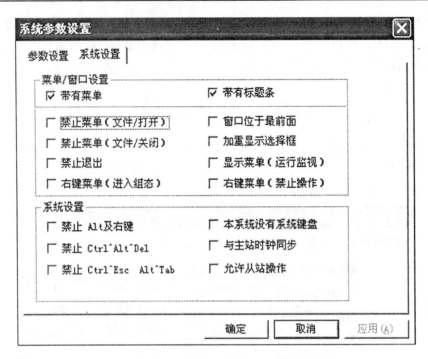

图 6.24　"系统参数设置/系统设置"对话框

应的运行时速度是在这里设定的。

　　⑦ 进入运行权限:选择了某种用户级别后,只有该级别以上的用户才可以进入运行环境。

**2."系统参数设置/系统设置"对话框**

　　① 带有菜单:选择该参数使得力控在进入运行系统 View 后显示菜单栏。

　　② 禁止菜单(文件/打开):选中该项,进入运行系统 View 时,菜单"文件(F)/打开"项隐藏,以防止随意打开窗口。

　　③ 禁止菜单(文件/关闭):选中该项,进入运行系统 View 时,菜单"文件(F)/关闭"项隐藏,以防止随意关闭窗口。

　　④ 禁止退出:选择该参数使得力控在进入运行系统 View 后禁止退出。

　　⑤ 禁止 Alt 及右键:选择该参数使得力控在进入运行系统 View 后,系统热键"Alt + F4"、"Alt + Tab",View 的系统窗口控制菜单中的关闭命令以及系统窗口控制按钮的关闭按钮失效。

　　⑥ 禁止 Ctrl + Alt + Del:选择该参数使得力控在进入运行系统 View 后,不响应热启动键"Ctrl + Alt + Del",可以防止强制关闭。

　　⑦ 禁止 Ctrl + Esc:选择该参数使得力控在进入运行系统 View 后,不响应热启动键"Ctrl + Esc"。

　　⑧ 带有标题条:选择该参数使得力控在进入运行系统 View 后显示标题。

　　⑨ 窗口位于最前面:选择该参数使得力控在进入运行系统 View 后,View 应用程序窗口始终是顶层窗口。其他应用程序即使被激活,也不能覆盖 View 应用程序窗口。

⑩ 加重显示选择框:选择该参数使得力控在进入运行系统 View 后,图形对象的触敏框加重显示。

⑪ 本系统没有系统键盘:选择该参数使得力控在进入运行系统 View 后,在对所有输入框进行输入操作时,系统自动出现软键盘提示,仅用鼠标点击就可以完成所有字母和数字的录入。此参数项适用于不提供键盘的计算机。

⑫ 与主站时钟同步:用于双机热备功能,当该应用为从站时,选择该项可以使本站与主站的时钟保持一致。

⑬ 允许从站操作:用于双机热备功能,选择后,从站也可以操作。

# 习　题

6.1　进入运行系统 View 后,用标准菜单中"文件"菜单项中的"快照"命令,对一个已打开的 View 窗口进行窗口快照,然后用"快照浏览"命令在快照浏览窗口中选择刚刚快照的窗口,将快照内容显示出来。

6.2　创建如习题图 6.1 所示的自定义菜单。其中,"文件"菜单项包含 3 个命令项:"进入组态"、"退出所有程序"、"退出";"动画" 菜单项包含 2 个命令项:"垂直移动"、"水平移动";"报表" 菜单项包含 2 个命令项:"历史报表"、"万能报表";"趋势" 菜单项包含 2 个命令项:"实时趋势"、"历史趋势";"工具" 菜单项包含 3 个命令项:"打开窗口"、"快

习题图 6.1　自定义菜单画面

照"、"打印窗口"。

6.3　创建一个用户管理窗口。要求:有 4 个级别的用户,密码任意设定,用户进入运行系统时,用户的级别为工程师级,如习题图 6.2 所示。

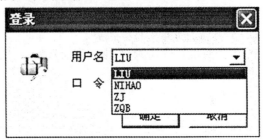

习题图 6.2　"登录"窗口画面

# 第7章 标准图形对象的组态及应用

力控提供的标准图形包括趋势、事件、报警、图形模板、历史报表、总貌等图形对象,这些图形对象用于完成特定功能。

## 7.1 趋势曲线

过程数据首先由实时数据库处理和保存为历史数据,然后由界面系统的趋势曲线显示和分析。力控界面系统提供了多种分析曲线,如趋势曲线、X-Y曲线、温控曲线等。通过这些工具,用户可以对当前和历史的数据进行分析比较;可以捕获一瞬间发生的工艺状态,放大曲线并对当时的工艺情况进行分析;也可以比较两个过程量之间的函数关系。

力控的数据库与界面系统可以分布在不同的网络结点上,任意一台工作站的人机界面系统都可以显示其他网络服务器上的实时数据库产生的实时数据和历史数据。而分布式的过程数据对于操作人员是透明的,操作人员不必清楚过程数据来自本地数据库还是远程网络数据库。

趋势曲线一般横坐标为时间,纵坐标为变量或表达式的值。可以像处理其他图形对象那样指定趋势图的位置、尺寸、颜色,同时可以对趋势图显示的时间范围、数值范围、网格数量、颜色、刻度数、采样周期、趋势笔进行指定,每个趋势图最多能显示八支笔。

### 7.1.1 实时趋势

实时趋势是变量的实时值随时间变化而绘出的变量–时间关系曲线图。使用实时趋势可以查看某一个数据库点或中间点在当前时刻的状态,而且实时趋势也可以保存一小段时间的数据趋势,这样通过它就可以了解当前设备的运行状况和整个车间当前的生产情况。

实时趋势图由以下几部分构成:标题、边框、网格、趋势曲线、游标、时间标记、数值标记、数值显示、当前系统时间等,如图7.1所示。

**1.创建实时趋势**

① 在工具箱中选择实时趋势按钮,在窗口中点击并拖拽到合适大小后释放鼠标,如图7.2所示。

② 选中实时趋势对象,单击鼠标右键,弹出右键菜单,如图7.3所示。

③ 选择"对象属性(A)",弹出"改变对象属性"对话框,如图7.4所示。通过这个对话框可以改变实时趋势图的填充颜色、边线颜色、边线风格等。

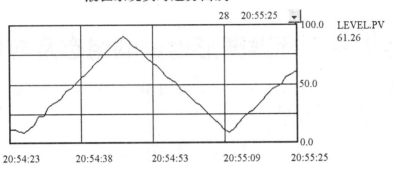

图 7.1　实时趋势曲线

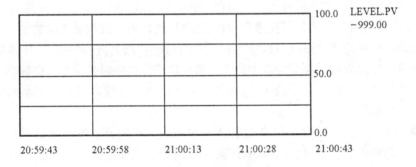

图 7.2　实时趋势组态画面

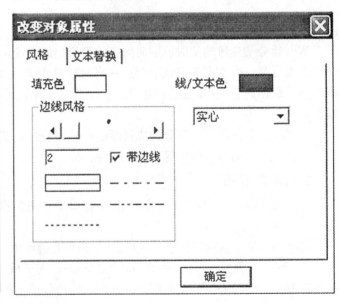

图 7.3　右键菜单　　　　　　　图 7.4　"改变对象属性"对话框

**2.实时趋势组态**

双击实时趋势对象,弹出"实时趋势组态"对话框,如图7.5所示。

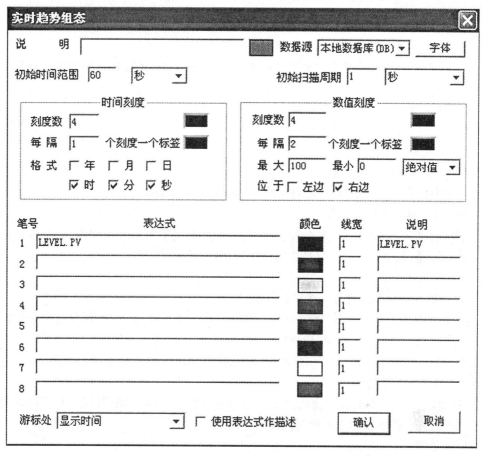

图7.5  "实时趋势组态"对话框

对话框中各项的说明如下:

① 说明:用于实时输入趋势图的标题。单击右面的调色按钮选择说明文字的颜色。

② 数据源:选择实时数据的来源。

③ 初始时间范围:输入时间坐标轴上最大的时间差。

④ 初始扫描周期:设置每次从变量中读取数据的时间间隔。

⑤ 时间刻度/刻度数:定义时间刻度线的数量,即纵向网格的数量。点击右边的按钮选择网格的颜色。

⑥ 每隔__个刻度一个标签:定义每隔几个刻度显示一个时间标记。(例如,若将此值组态为1,初始时间范围选择60秒,刻度线数目为4,则每隔15秒为一个时间刻度。)点击右边的按钮选择时间标记的颜色。

⑦ 数值刻度/刻度数:定义数值刻度线的数量,即横向网格的数量。点击右边的按钮选择网格的颜色。

⑧ 每隔__个刻度一个标签:定义每隔几个刻度显示一个数值标记。点击右边的按钮

选择时间标记的颜色。

⑨ 绝对值/百分比:显示数值可以是绝对值或者百分比。当选择百分比时,涉及选择量程上下限的问题。

⑩ 最大:输入显示数值范围的高限。

⑪ 最小:输入显示数值范围的低限。

⑫ 趋势笔:趋势图中最多可以定义八支趋势笔,即八条曲线,对每枝笔还要指定下面几项。

表达式:输入趋势笔的变量名或表达式。

颜色:选择趋势笔的颜色。

线宽:输入趋势笔的宽度。

说明:输入趋势笔的描述。

使用表达式作描述:选择该项可以将表达式的名字作为描述。

**例 7.1** 创建实时趋势示例。

下面创建一个实时趋势,两个控制按钮,一个按钮用于增加时间间隔,一个按钮用于减少时间间隔,通过它们对实时趋势的"时间间隔"进行控制。

具体步骤如下:

① 新建一个窗口或打开一个已存在窗口。

② 在工具箱中选择工具"实时趋势",在窗口中点击并拖拽,拖拽到合适大小后释放鼠标。然后双击实时趋势对象,出现"实时趋势组态"对话框,如图 7.5 所示,在"笔号 1"输入框内输入变量 LEVEL.PV(在前面所介绍的"存储罐液位监控系统"中用以表示存储罐的液位的数据库变量)。

③ 创建两个按钮,将按钮上的显示文本分别设为"＜时间间隔"(用于控制时间间隔减小)和"时间间隔＞"(用于控制时间间隔增大)。

结果如图 7.6 所示。

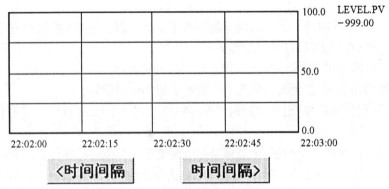

图 7.6　"创建实时趋势示例"组态画面

④ 选中上面所有的图形和按钮,然后单击工具箱中工具"打成单元",将它们建立对象连接关系。双击"＜时间间隔"按钮,出现"趋势控制定义"对话框。把对话框中的内容

更改为图 7.7 所示的内容。

⑤ 双击"时间间隔＞"按钮,出现"趋势控制定义"对话框。把对话框中的内容更改为图 7.8 所示的内容。

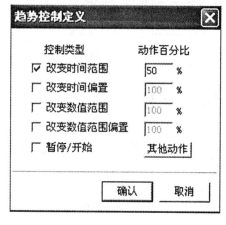

图 7.7  "＜时间间隔"按钮组态画面　　　　图 7.8  "时间间隔＞"按钮组态画面

⑥ 进入运行状态,每次单击这两个控制按钮,实时趋势的时间范围就会被减小到原来的 50% 或增大到原来的 200%。

## 7.1.2  历史趋势

历史趋势是根据保存在实时数据库中的历史数据随历史时间变化而绘出的二维曲线图。历史趋势引用的变量必须是数据库型变量,并且这些数据库型变量所连接的数据库点参数必须已经指定保存在历史数据中。

趋势图横坐标为时间,纵坐标为变量或表达式的值。我们可以灵活地指定趋势图的外观尺寸。例如,可以像处理其他图形对象那样指定趋势图位置、尺寸、颜色,还可以对趋势图显示的时间范围、数值范围、网格数量、刻度数、采样周期、趋势笔进行指定。每个趋势图最多能显示八枝笔。对趋势图可以加控制对象。

历史趋势由以下几部分构成:标题、边框、网格、趋势曲线、游标、时间标记、数值标记、数值显示、当前系统时间,如图 7.9 所示。

**1.创建历史趋势**

① 在工具箱中选择工具"历史趋势",在窗口中点击并拖拽,拖拽到合适大小后释放鼠标。结果如图 7.10 所示。

② 选中该图形对象,单击鼠标右键,弹出右键菜单,如图 7.3 所示。

③ 选择"对象属性(A)",弹出"改变对象属性"对话框,如图 7.4 所示。通过这个对话框可以改变趋势图的填充颜色、边线颜色、边线风格等。

**2.历史趋势组态**

双击历史趋势对象,弹出"历史趋势组态"对话框,如图 7.11 所示。

对话框中各项的说明如下:

### 液位系统历史趋势曲线

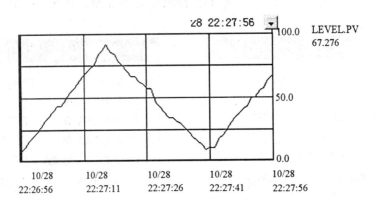

图7.9　历史趋势曲线

### 液位系统历史趋势曲线

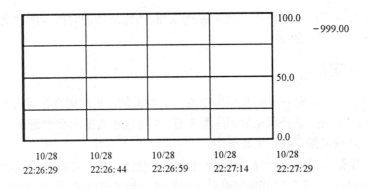

图7.10　历史趋势组态画面

① 说明:输入历史趋势图的标题。单击右面的颜色选择框选择标题文字的颜色。

② 数据源:选择趋势变量的数据源。

③ 初始时间范围:定义趋势的水平(X‑轴)初始显示的时间长度。

④ 初始扫描周期:定义趋势的水平(X‑轴)初始显示的增量单位。

⑤ 取值(初始显示方式):指定趋势的初始显示类型。如果选择"瞬时值",趋势每一个像素将显示这个像素所代表的时间点的瞬时值;如果选择"最大/最小",趋势的每一个像素将显示这个像素所代表的时间点的最大或最小值。

⑥ 时间刻度/刻度数:定义时间刻度线的数量,即横向网格的数量。点击右边的按钮选择网格的颜色。

⑦ 每隔＿个刻度一个标签:定义每隔几个刻度显示一个时间标记。点击右边的按钮选择时间标记的颜色（与实时趋势相同）。

⑧ 数值刻度/刻度数:定义数值刻度线的数量,即横向网格的数量。点击右边的按钮选择网格的颜色。

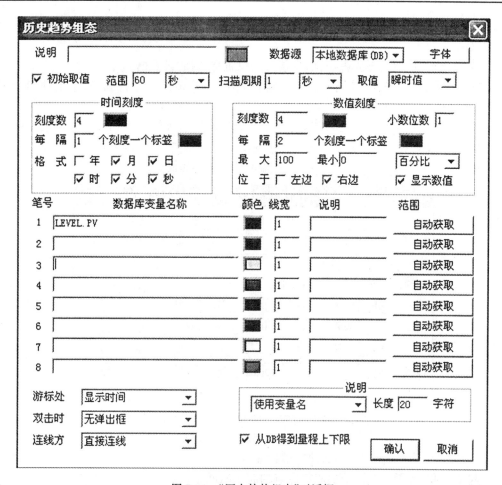

图 7.11　"历史趋势组态"对话框

⑨ 每隔__个刻度一个标签:定义每隔几个刻度显示一个数值标记。点击右边的按钮选择数值标记的颜色(与实时趋势相同)。

⑩ 最大:输入显示数值范围的高限。

⑪ 最小:输入显示数值范围的低限。

⑫ 百分比/绝对值:显示数值可以是百分比或者绝对值。当选择百分比时,涉及选择量程上下限问题。可以选择"从 DB 得到量程上下限"或"自动获取"。

⑬ 定义笔:趋势图中最多可以定义 8 支趋势笔,即 8 条曲线,对每枝笔要指定如下几项:

变量名:输入趋势笔的变量名。

颜色:选择趋势笔的颜色。

线宽:输入趋势笔的宽度。

说明(趋势笔):指定趋势笔的描述信息。可以是自定义、使用变量名、使用点描述、使用位号名与点描述。

⑭ 从 DB 得到量程上下限:选中后,趋势按照趋势变量所对应数据库 DB 中点的量程上下限参数组态值作为参考值,来计算趋势的垂直(Y-轴)显示的数值。若不选中,趋势

按照趋势变量的最小值、最大值的变量组态值作为参考值来计算趋势的垂直(Y-轴)显示的数值。

⑮ 双击时:可以选择无弹出框、变量时间设置框、时间设置框。

(i) 如果选中无弹出框项,则在进入运行系统后,单击趋势运行画面,不出现运行组态对话框,即没有触敏动作。

(ii) 如果选中变量时间设置框项,可以在运行系统中改变历史趋势的变量和时间设置。在运行期间,双击历史趋势画面,出现"趋势设置"对话框,如图7.12所示。允许操作人员改变历史趋势的起始时间、数值范围、趋势笔分配、基本偏置等。

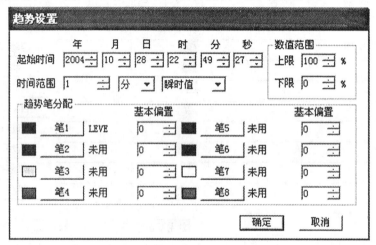

图7.12 "趋势设置"对话框

"趋势设置"对话框中各项的说明如下:

起始时间:用于设置该历史趋势零点的起始时间坐标。

时间范围:用于设置两个网格间的时间长度。

显示方式:此下拉框指定趋势的显示类型。如果选择"瞬时值",趋势每一个像素将显示这个像素所代表的时间点的瞬时值;如果选择"最大/最小",趋势的每一个像素将显示这个像素所代表的时间点的最大或最小值。

趋势笔分配:在历史趋势运行期间可以随时改变8支趋势笔所分配的变量。单击要重新分配变量的趋势笔变量设置按钮,出现如图7.13所示对话框。选择其中一个变量单击"确认"按钮返回。

基本偏置(%):设置趋势曲线位置在垂直方向上相对于数值坐标轴(垂直方向坐标轴)向上或向下的偏移量,用百分数表示。向上偏移时输入一个正值,向下偏移时输入一个负值。

数值范围:用于指定想显示的趋势的百分比范围。

(iii) 如果选中时间设置框项,可以在运行系统中改变历史趋势的时间设置。在运行期间,双击历史趋势画面,出现"趋势设置"对话框,如图7.14所示。

**3.趋势控制**

若要在运行时改变趋势的时间范围、时间偏置、数值范围、数值偏置、暂停显示、动态

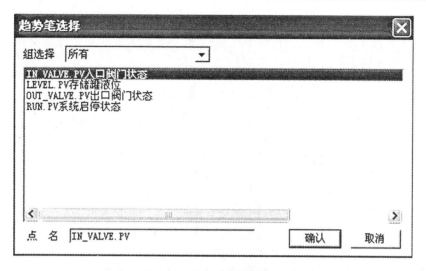

图 7.13 "趋势笔选择"对话框

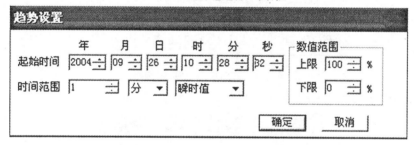

图 7.14 "趋势设置"对话框

改变趋势笔(即趋势表达式)、显示游标处的值(缺省情况下游标处的值显示在趋势图的右边)等,需要对趋势进行控制。

**例 7.2** 趋势控制示例。

下面创建一个历史趋势,两个控制按钮,其中一个按钮用于增加时间间隔,一个按钮用于减少时间间隔,用它们对实时趋势的"时间间隔"进行控制。

具体步骤如下:

① 新建一个窗口或打开一个已存在窗口。

② 在工具箱中选择工具"历史趋势",在窗口中点击并拖拽,拖拽到合适大小后释放鼠标。然后双击"历史趋势"对象,出现"历史趋势组态"对话框,如图 7.11 所示,在"笔号1"输入框内输入变量 LEVEL.PV(在前面所介绍的"存储罐液位监控系统"中用以表示存储罐的液位的数据库变量)。

③ 创建两个按钮,将按钮上的显示文本分别设为"＜时间间隔"(用于控制时间间隔减小)和"时间间隔＞"(用于控制时间间隔增大)。

④ 选中上面所有的图形和按钮,然后单击工具箱中工具"打成单元",将它们建立对象连接关系。双击"＜时间间隔"按钮,出现"趋势控制定义"对话框。把对话框中的内容更改为图 7.7 所示的内容。

⑤ 双击"时间间隔＞"按钮,出现"趋势控制定义"对话框。把对话框中的"改变时间

范围"的内容更改为图 7.8 所示的内容。

⑥ 进入运行状态,每次单击这两个控制按钮,历史趋势的时间范围就会被减小到原来的 50% 或增大到原来的 200%。

### 液位系统历史趋势曲线

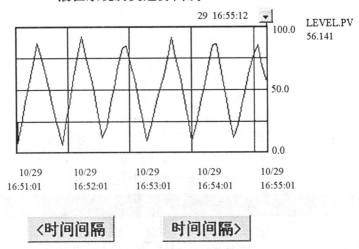

图 7.15  "历史趋势"运行画面

图 7.16 所示的"趋势控制定义"对话框中各项的说明如下:

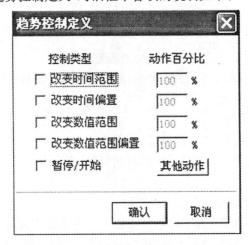

图 7.16  "趋势控制定义"对话框

① 改变时间范围:用户可以用它来改变趋势图横坐标的时间显示范围,选中检查框,在动作百分比输入框中输入动作参数。这个百分数是以当前时间范围为基准的。如当前时间范围为 60 秒,若百分比为 200%,则动作结果使时间范围变为 120 秒,再次动作结果将使时间范围变为 240 秒,依次类推;若百分比为 50%,则动作结果使时间范围变为 30 秒,再次动作结果将使时间范围变为 15 秒,依次类推。

② 改变时间偏置:改变时间偏置即改变趋势图横坐标的起始时间,选中检查框,在动作百分比输入框中输入动作参数。这个百分数是以当前时间范围为基准的。如当前时间

偏置为 60 秒,若百分比为 50%,则动作结果使时间偏置变为 30 秒,再次动作结果将使时间偏置变为 15 秒,依次类推。

③ 改变数值范围:改变数值范围即改变趋势图纵坐标的数值显示范围,选中检查框,在动作百分比输入框中输入动作参数。这个百分数是以当前数值范围为基准的。如当前数值范围为 60,若百分比为 200%,则动作结果使数值范围变为 120,再次动作结果将使数值范围变为 240,依次类推;若百分比为 50%,则动作结果为 30,再次动作结果将为 15,依次类推。

④ 改变数值范围偏置:改变数值偏置即改变趋势图纵坐标的起始值,选中检查框,在动作百分比输入框中输入动作参数。这个百分数是以当前数值范围为基准的。如当前偏置为 60,若百分比为 50%,则动作结果使数值偏置为 30,再次动作结果将使数值偏置为 15,依次类推。

⑤ 暂停/开始:该动作用于暂停趋势显示。如果趋势图处于运行状态,按此按钮将暂停趋势显示,反之则重新启动趋势显示。

**4.动作脚本控制**

使用动作脚本可对趋势进行更为灵活的控制。趋势作为一种对象,它有很多属性字段,在力控中与趋势相关的属性字段以"tr_"开头。在动作脚本中可以通过控制趋势的属性字段来进行数值和时间改变的查询。

**例 7.3**　用动作脚本对趋势的"数值坐标轴放大系数"进行控制。

"数值坐标轴"是趋势的垂直坐标轴,对其放大系数的改变相当于改变趋势的数值范围。现在用脚本来实现它。

具体步骤如下:

① 首先创建两个按钮:"放大一倍"和"缩小一倍"。

② 同时选中趋势对象和两个按钮对象,在工具箱中选取工具"打成单元",使按钮对象与趋势对象建立单元连接关系。

③ 双击"放大一倍"按钮,弹出"趋势控制定义"对话框,如图 7.16 所示。

④ 单击"其他动作"按钮,弹出"动作定义"对话框。

⑤ 单击"触敏动作/左键动作",弹出脚本编辑器,在"按下鼠标"编辑器中输入以下内容:this.tr_SCY = this.tr_SCY + 1;

如图 7.17 所示。

⑥ 对"缩小一倍"按钮进行相同的处理,在脚本编辑器中输入:

this.tr_SCY = this.tr_SCY − 1;

⑦ 单击"确认"按钮返回。进入运行后,每次单击"放大一倍"或"缩小一倍"按钮时,趋势的"数值坐标轴"的放大系数将放大一倍或缩小一倍,如图 7.18 所示。

## 7.1.3　位号组

在实际应用中,工艺操作人员习惯上将相互有关联的工位号(即"位号")的测量值放在一起进行观察、分析。力控提供位号(变量)组的概念,它最多允许将 8 个位号定义成一组,并在历史趋势、图形模板或其他标准图形中按位号组进行显示或操作。

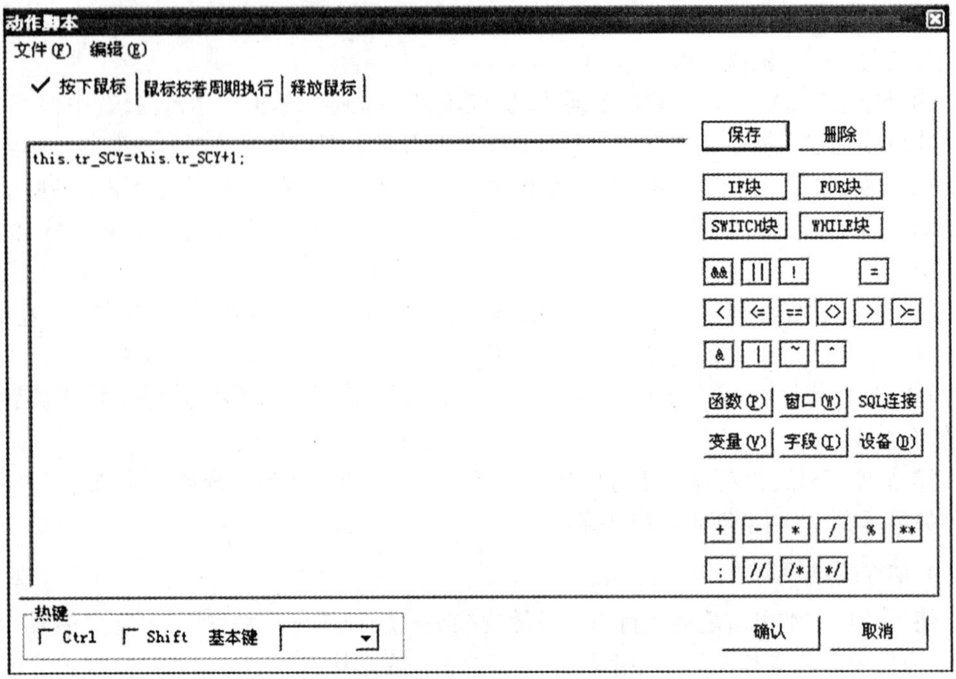

图 7.17 "动作脚本"编辑器

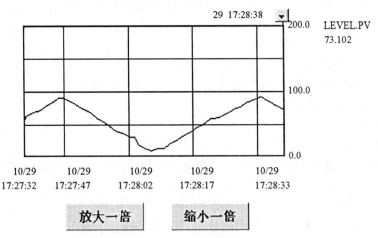

图 7.18 "历史趋势"运行画面

## 1.定义位号(变量)组

在 Draw 菜单中选择"特殊功能/变量组",出现"变量组定义"对话框,如图 7.19 所示。

对话框中左侧列表框为已定义的变量组列表,可以在该列表框内直接选择已创建的变量组。

"变量组定义"对话框中的各项说明如下:

① 说明:此输入框用来指定变量组的说明。

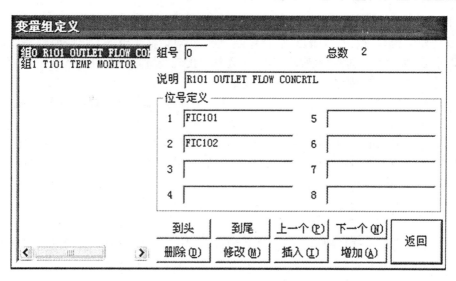

图 7.19 "变量组定义"对话框

② 位号定义：此输入框用来指定构成变量组的变量名称(最多可指定 8 个)。此处指定的变量名称必须是实时数据库中的点参数。

③ 到头：定位到第一个变量组。

④ 到尾：定位到最后一个变量组。

⑤ 上一个：定位到上一个变量组。

⑥ 下一个：定位到下一个变量组。

⑦ 删除：删除一个已创建变量组。

⑧ 修改：修改一个已创建变量组。

⑨ 插入：在当前位置插入一个新的变量组。

⑩ 增加：在最后的位置上增加一个新的变量组。

⑪ 返回：退出"变量组定义"对话框。

**2. 使用位号(变量)组**

可以在历史趋势对象、图形模板或其他图形对象中使用变量组。

下面以历史趋势为例来说明位号(变量)组的使用方法：

(1) 工艺要求

流量测量变量为 FIC101 和 FIC102,温度测量变量为 TI101 和 TI102,操作人员希望在查看有关流量的趋势时能在同一趋势图上同时查看 FIC101 和 FIC102,而在查看有关温度的趋势时能在同一趋势图上同时查看 TI101 和 TI102。

(2) 实现步骤

① 首先,我们用前面介绍的变量组定义功能创建两个变量组：GROUP0 和 GROUP1。其中变量组 GROUP0 中定义的变量为 FIC101.PV 和 FIC102.PV,GROUP1 中定义的变量为 TI101.PV 和 TI102.PV。

② 然后,创建一个趋势图形对象(必须是历史趋势)和两个按钮。两个按钮分别定义为"流量"和"温度"。

③ 同时选中趋势对象和两个按钮,然后选择工具箱中的"打成单元"工具按钮,此时

两个按钮和趋势对象建立了单元连接关系。

④ 选中"流量"按钮,双击出现"趋势控制定义"对话框。单击"其他动作"按钮,出现"动画连接"对话框。选择"触敏动作/左键动作",出现"动作描述"对话框。在"按下鼠标"动作中创建如下脚本程序:ChangeGroup(0);。

⑤ 对"温度"按钮采取相同的处理,但在"按下鼠标"动作中创建脚本程序为:ChangeGroup(1);。

⑥ 上述所有组态操作完成后,当进入运行系统时,单击按钮"流量",趋势画面的趋势曲线自动切换为变量 FIC101 和 FIC102 的趋势图;单击按钮"温度",趋势画面的趋势曲线自动切换为变量 TI101 和 TI102 的趋势图。

### 7.1.4　X-Y 曲线

X-Y 曲线是 Y 变量的数据随 X 变量的数据变化而绘出的关系曲线图。其横坐标为 X 变量,纵坐标为 Y 变量。

**1.创建 X-Y 曲线**

在工具箱中选择 X-Y 曲线按钮,在窗口中点击并拖拽到合适大小后释放鼠标。结果如图 7.20 所示。

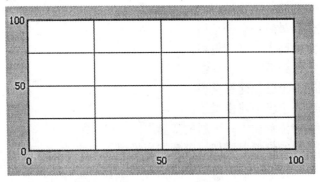

图 7.20　"X-Y 曲线"图形对象

可以像处理普通图形对象一样来改变 X-Y 曲线的属性。选中该对象,单击鼠标右键,弹出右键菜单,选择"对象属性(A)",弹出"改变对象属性"对话框,通过这个对话框可以改变实时趋势图的填充颜色、边线颜色、边线风格等。

**2.X-Y 曲线组态**

双击 X-Y 曲线对象,弹出"X-Y 曲线设置"对话框,对话框由一般、变量和分隔线 3 个选项卡组成。首次进入对话框时,显示"一般"选项卡,如图 7.21 所示。"变量"选项卡与"分隔线"选项卡分别如图 7.22、图 7.23 所示。

"X-Y 曲线设置"对话框说明如下:

(1)"一般"选项卡中各项内容说明

① 标题:输入 X-Y 曲线的标题。点击右面的"颜色"调色板选择标题文字的颜色。

② 数据源:生成 X-Y 曲线的 X 和 Y 变量可以是各种变量(中间变量、窗口中间变量、DDE 变量或 DB 变量)。如果是 DDE 变量或 DB 变量,需要在此下拉框中指定变量引

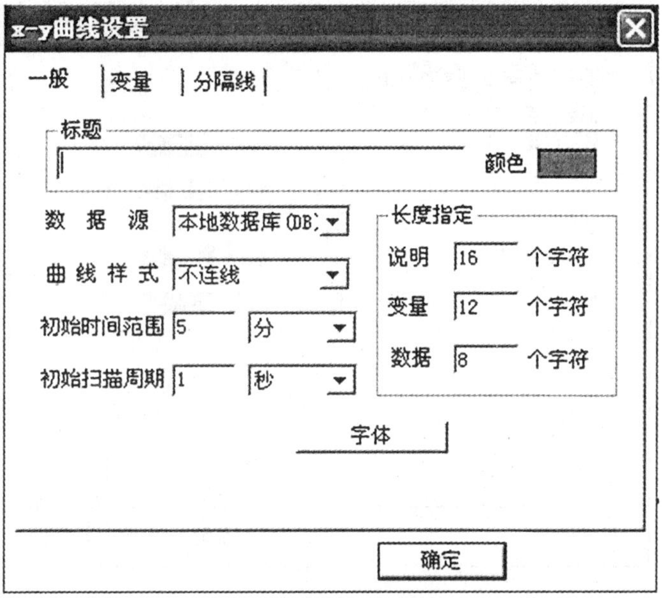

图 7.21　"X - Y 曲线设置/一般"选项卡

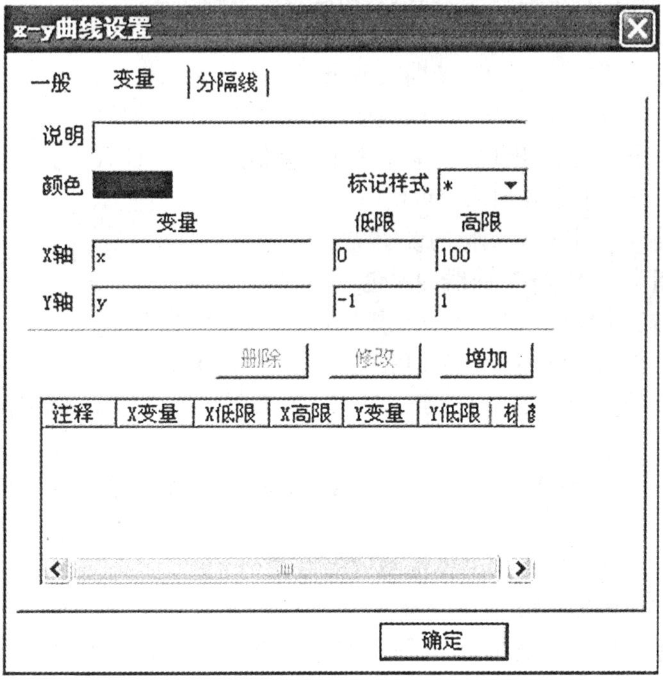

图 7.22　"X - Y 曲线设置/变量"选项卡

用的数据源。

③ 曲线样式:指定生成 X - Y 曲线的曲线形式,可以是连线形式或不连线形式(离散点形式)。

④ 初始时间范围:指定 X - Y 曲线初始运行的时间长度。

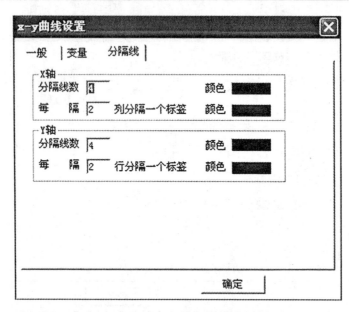

图 7.23 "X-Y 曲线设置/分隔线"选项卡

⑤ 初始扫描周期:指定 X-Y 曲线初始运行的时间单位。

⑥ 长度指定/说明:定义 X-Y 曲线说明文字的字符显示长度。

⑦ 长度指定/变量:定义 X-Y 曲线变量名的字符显示长度。

⑧ 长度指定/数据:定义 X-Y 曲线变量数值的字符显示长度。

⑨ 字体:单击此按钮,出现"字体"对话框,可指定 X-Y 曲线中文字的字体。

(2)"变量"选项卡中各项内容说明

① 说明:输入一组 X、Y 变量的说明文字。

② 颜色:指定一条 X-Y 曲线的颜色。

③ 标记样式:指定一条 X-Y 曲线绘制标记点的样式。

④ X 轴/变量:指定一条 X-Y 曲线的 X 变量的名称。

⑤ X 轴/低限(Y 轴/低限):指定一条 X-Y 曲线的 X 变量的低限值(Y 变量的低限值)。

⑥ X 轴/高限(Y 轴/高限):指定一条 X-Y 曲线的 X 变量的高限值(Y 变量的高限值)。

⑦ Y 轴/变量:指定一条 X-Y 曲线的 Y 变量的名称。

⑧ 增加:用于增加一组 X、Y 变量。

⑨ 修改:用于修改一条 X-Y 曲线的组态内容。

⑩ 删除:用于删除一组 X、Y 变量。

(3)"分隔线"选项卡中各项内容说明

① X 轴/分隔线数:指定 X 轴坐标的刻度数。右面的调色板按钮用来指定 X 轴坐标的刻度线的颜色。

② X 轴/每隔__列分隔一个标签:指定 X 轴坐标每隔几个刻度显示一个数值标记。右面的调色板按钮用来指定 X 轴坐标的数值标记颜色。

③ Y 轴/分隔线数:指定 Y 轴坐标的刻度数。右面的调色板按钮用来指定 Y 轴坐标的刻度线的颜色。

④ Y 轴/每隔__行分隔一个标签:指定 Y 轴坐标每隔几个刻度显示一个数值标记。右面的调色板按钮用来指定 Y 轴坐标的数值标记颜色。

**例 7.4**   创建"X - Y 曲线"示例。具体步骤如下:

① 在 Draw"工具箱"中点击"X - Y 曲线",在画面中点击并拖拽到合适大小后释放鼠标。

② 单击鼠标右键,弹出右键菜单,选择"对象属性($\underline{A}$)",改变其"填充色"为黑色。

③ 双击该曲线,在"变量"一页中,输入 X 范围 0 ~ 100,Y 范围 - 1 ~ 1。颜色选绿色。

④ 选择"特殊功能/动作/应用程序动作",在"进入程序"脚本编辑器中,输入:

$$x = 0;$$
$$y = 0;$$

在"程序运行周期执行"脚本编辑器中,输入:

$$IF \ (x > = 0 \&\& x < 100) \ THEN$$
$$x = x + 1;$$
$$y = Sin(x * 10);$$
$$ELSE$$
$$x = 0;$$
$$y = 0;$$
$$END \ IF$$

如图 7.24 所示。

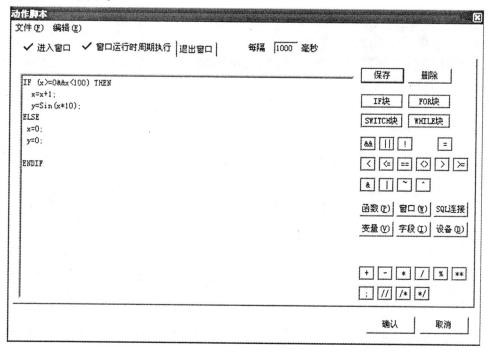

图 7.24   "X - Y 曲线"示例脚本

⑤ 单击"确认"后,进入运行系统 View,可以观察到如图 7.25 所示的变化曲线。

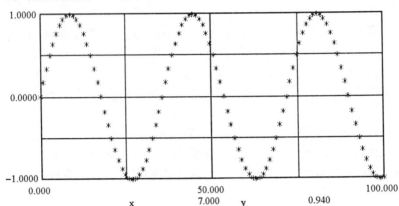

图 7.25 "X－Y 曲线"示例运行画面

# 7.2 报 表

数据报表是工业生产中不可缺少的统计工具,它能将生产过程中的各类信息,如生产数据、统计数据以直观的表格形式反映出来,为生产管理人员提供有效的分析工具。力控软件提供了历史报表和万能报表。使用历史报表可根据生产数据形成典型的班报、日报、月报、季报、年报。万能报表提供类似 Excel 的电子表格功能,可以形成更为复杂的报表系统。

## 7.2.1 历史报表

历史报表提供了浏览、打印历史数据和统计数据的功能。对历史报表可进行手工或自动打印。历史报表从数据库中按照一定的采样方式获取一个或多个点的历史数据,以表格的形式显示出来。

### 1.创建历史报表

在工具箱中选择历史报表按钮,在窗口中点击并拖拽到合适大小后释放鼠标。结果如图 7.26 所示。

| 变量：LEVEL.PV 开始时间：2004/10/29 00:00:00 | | | | | | |
|---|---|---|---|---|---|---|
| 1 00:00 | 0.00 | 9 00:08 | 0.00 | 17 00:16 | 0.00 | 25 00:24 |
| 2 00:01 | 0.00 | 10 00:09 | 0.00 | 18 00:17 | 0.00 | 26 00:25 |
| 3 00:02 | 0.00 | 11 00:10 | 0.00 | 19 00:18 | 0.00 | 27 00:26 |
| 4 00:03 | 0.00 | 12 00:11 | 0.00 | 20 00:19 | 0.00 | 28 00:27 |
| 5 00:04 | 0.00 | 13 00:12 | 0.00 | 21 00:20 | 0.00 | 29 00:28 |
| 6 00:05 | 0.00 | 14 00:13 | 0.00 | 22 00:21 | 0.00 | 30 00:29 |
| 7 00:06 | 0.00 | 15 00:14 | 0.00 | 23 00:22 | 0.00 | 31 00:30 |
| 8 00:07 | 0.00 | 16 00:15 | 0.00 | 24 00:23 | 0.00 | 32 00:31 |

图 7.26 历史报表

选中历史报表对象,单击鼠标右键,弹出右键菜单,选择"对象属性(<u>A</u>)",弹出"对象属性"对话框,通过这个对话框可以改变历史报表的填充色、边线颜色、边线风格等。

**2.历史报表组态**

双击历史报表对象,弹出"历史报表组态"对话框。对话框共有两个选项卡:一般和变量。分别如图 7.27、图 7.28 所示。

图 7.27　"历史报表组态/一般"选项卡

(1)"一般"选项卡中各项内容说明

① 起始时间/指定起始时刻:表示报表将获取从指定时间开始的一段历史数据。

起始时间/起始时刻决定于打印时间:表示报表将获取从打印时间开始向前追溯的一段历史数据。

② 报表起始时间:当在单选按钮"起始时间"中选择了"指定起始时刻"选项时,该项变为有效,否则为禁止状态。此项用于指定报表从什么时间将开始获取一段历史数据。具体需要指定从前几天 (0 表示当天)的第几点钟(0~23)和第几分钟(0~59)。

③ 字体:单击该按钮或使用菜单命令"属性(<u>A</u>)/字体"进入报表字体定义框,从中选择需要的字体和字号后,单击"确认"按钮返回。

④ 颜色:"标题背景"、"工位号/标题"、"序号"、"值"和"时间"这 5 项分别用来指定历史报表的标题背景颜色、变量名称/标题文字的颜色、序号的颜色、过程值(PV)的颜色和PV 值采样时间的颜色。点击对应的颜色按钮,出现调色板窗口以选择颜色。

⑤ 时间:该组共有 4 项内容,包括 1 个复选框和 3 个输入框。

显示时间:指定报表中是否显示和打印历史数据的产生时间。

图 7.28　"历史报表组态/变量"选项卡

范围:输入报表获取历史数据的时间跨度。

间隔:输入报表获取历史数据(历史数据采样点)的时间间隔。

格式:输入报表中显示时间所占用的字符宽度。

需要注意的是,当在单选按钮"起始时间"中选择了"指定起始时刻"选项时,"范围"和"间隔"的时间单位为小时;当在单选按钮"起始时间"中选择了"起始时刻决定于打印时间"选项时,"范围"和"间隔"的时间单位为秒。

⑥ 数据源:选择连接实时数据库的数据源。

⑦ 数据类型:当在单选按钮"起始时间"中选择了"指定起始时刻"选项时,该项变为有效,否则为禁止状态。此项用于指定报表将获取哪一类历史数据。共有 4 个选项:

瞬时值:指定报表将获取数据库点的过程值(PV 值)的历史数据。

下面举例说明"瞬时值"的数据采样方法。假设在"报表起始时间"项中指定的开始时间为前 1 天(昨天)的第 08 点(上午 8 点)的第 10 分,"时间/范围"指定为 24 小时,"时间/间隔"指定为 1 小时,则"瞬时值"的数据采样为:昨天上午 8 点 10 分的数据、昨天上午 9 点 10 分的数据、昨天上午 10 点 10 分的数据,依次类推,直至今天上午 7 点 10 分的数据,共 24 个数据。

平均值:指定报表将获取数据库点的过程值(PV 值)在指定的小时时间内的平均值历史数据。

最大值:指定报表将获取数据库点的过程值(PV 值)在指定的小时时间内的最大值历史数据。其数据采样时间的计算方法与"平均值"相同。

最小值:指定报表将获取数据库点的过程值(PV 值)在指定的小时时间内的最小值历

史数据。其数据采样时间的计算方法与“平均值”相同。

需要注意的是，平均值、最大值与最小值属于数据库点的统计数据，只有在数据库组态时，指定生成统计数据的点才会产生统计数据。

(2)“变量”选项卡中各项内容说明

① 点名：用来指定实时数据库的点参数。但要注意，在此处引用的数据库点参数必须已经指定保存历史数据。

② 格式：指定数值的字符显示宽度，如 8.2 表示字符显示宽度为 8，其中小数点后位数为 2。

### 3. 查询历史报表

若要连续查询历史报表数据，需要给报表加入控制对象。

**例 7.5**　可查询的历史报表组态示例。

在做可查询的历史报表组态时，我们还要加入 4 个按钮：“前一天”、“后一天”、“前八小时”、“后八小时”，分别控制报表查询数据的相对起始时间：向前变更一天、向后变更一天、向前变更八小时、向后变更八小时。

可以按如下步骤加入控制（假设选择“前一天”按钮作为控制对象）：

① 在工具箱中选择历史报表按钮，在窗口中点击并拖拽到合适大小后释放鼠标，然后再创建 4 个按钮，结果如图 7.29 所示。

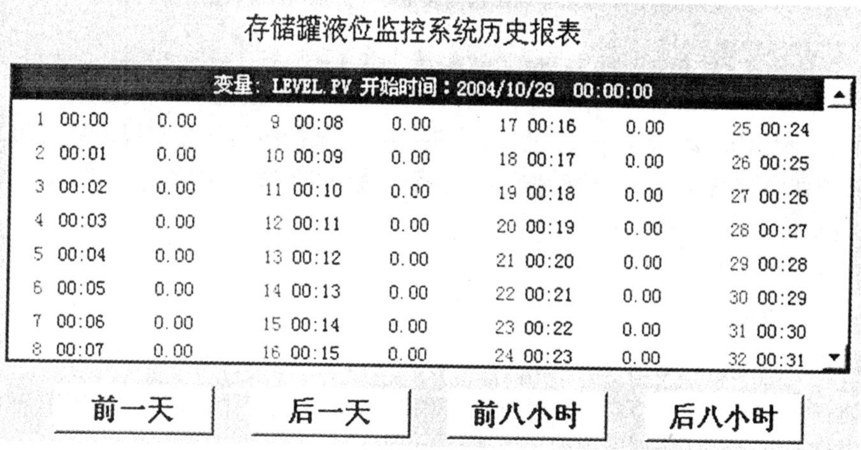

存储罐液位监控系统历史报表

变量：LEVEL.PV 开始时间：2004/10/29 00:00:00

| | | | | | | | |
|---|---|---|---|---|---|---|---|
| 1 00:00 | 0.00 | 9 00:08 | 0.00 | 17 00:16 | 0.00 | 25 00:24 | |
| 2 00:01 | 0.00 | 10 00:09 | 0.00 | 18 00:17 | 0.00 | 26 00:25 | |
| 3 00:02 | 0.00 | 11 00:10 | 0.00 | 19 00:18 | 0.00 | 27 00:26 | |
| 4 00:03 | 0.00 | 12 00:11 | 0.00 | 20 00:19 | 0.00 | 28 00:27 | |
| 5 00:04 | 0.00 | 13 00:12 | 0.00 | 21 00:20 | 0.00 | 29 00:28 | |
| 6 00:05 | 0.00 | 14 00:13 | 0.00 | 22 00:21 | 0.00 | 30 00:29 | |
| 7 00:06 | 0.00 | 15 00:14 | 0.00 | 23 00:22 | 0.00 | 31 00:30 | |
| 8 00:07 | 0.00 | 16 00:15 | 0.00 | 24 00:23 | 0.00 | 32 00:31 | |



图 7.29　“可查询的历史报表组态示例”组态画面

② 双击历史报表对象，弹出“历史报表组态/一般”对话框，见图 7.27，采用系统默认值。然后切换到“历史报表组态/变量”对话框，在“点名”输入框中输入数据库变量“LEVEL.PV”，如图 7.28 所示。

③同时选中 4 个按钮和历史报表，用工具箱中“打成单元”工具，将按钮和历史报表打成单元。

④ 双击“前一天”按钮出现“动画连接”对话框。

⑤ 选中“触敏动作/左键动作”，在弹出的脚本编辑器中输入：

```
this.off_day = this.off_day + 1;
```

⑥ 单击"确认"按钮返回。

⑦ 其他几个按钮的处理方法相同,但脚本程序分别是:

"后一天"按钮: this . off _ day = this . off _ day − 1;

"前八小时"按钮: this . off _ hour = this . off _ hour + 8;

"后八小时"按钮: this . off _ hour = this . off _ hour − 8;

⑧ 单击"确认"后,进入运行系统 View,可以观察到如图 7.30 所示的界面。

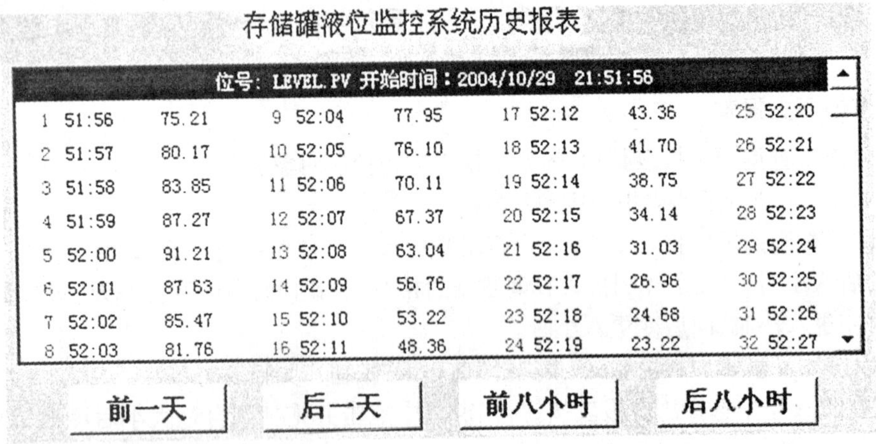

存储罐液位监控系统历史报表

| 位号: LEVEL.PV 开始时间: 2004/10/29 21:51:56 | | | | | | | |
|---|---|---|---|---|---|---|---|
| 1 51:56 | 75.21 | 9 52:04 | 77.95 | 17 52:12 | 43.36 | 25 52:20 | |
| 2 51:57 | 80.17 | 10 52:05 | 76.10 | 18 52:13 | 41.70 | 26 52:21 | |
| 3 51:58 | 83.85 | 11 52:06 | 70.11 | 19 52:14 | 38.75 | 27 52:22 | |
| 4 51:59 | 87.27 | 12 52:07 | 67.37 | 20 52:15 | 34.14 | 28 52:23 | |
| 5 52:00 | 91.21 | 13 52:08 | 63.04 | 21 52:16 | 31.03 | 29 52:24 | |
| 6 52:01 | 87.63 | 14 52:09 | 56.76 | 22 52:17 | 26.96 | 30 52:25 | |
| 7 52:02 | 85.47 | 15 52:10 | 53.22 | 23 52:18 | 24.68 | 31 52:26 | |
| 8 52:03 | 81.76 | 16 52:11 | 48.36 | 24 52:19 | 23.22 | 32 52:27 | |

前一天　　　后一天　　　前八小时　　　后八小时

图 7.30　"可查询的历史报表组态示例"运行画面

**4. 手动打印报表**

可以通过操作其他图形对象打印报表,如通过单击一个按钮来打印报表。

比如,报表创建在窗口 Report1 上,同时 Report1 上某按钮用于控制报表的打印。该按钮的定义动作为"触敏动作/一般动作",在"按下鼠标"事件脚本中输入:

```
print("Report1 . drw");
```

当该按钮被点击时,打印窗口 Report1 及报表。

**5. 自动打印报表**

若要在每天固定时刻自动打印报表,可以通过脚本控制来实现。

比如,我们希望每天上午 6 点时自动打印窗口 Report1 中的报表。可按下面步骤进行:

① 单击 Draw 菜单命令"特殊功能/动作/数据改变",进入脚本编辑对话框,在"变量名"内输入系统变量" $ Hour",在脚本编辑器内输入:

```
if( $ Hour = = 6) && ( $ Minute = =0) && ( $ Second < = 3) then
print("Report1 . drw");
endif
```

② 按照上面的设置,每当时间由上午 5 点 59 分 59 秒变为 6 点时,报表便会自动打印出来(考虑到时间可能有误差,保留了 3 秒的延迟时间)。

实际上,如果希望打印时间灵活一些,可以将上面数据改变动作脚本的比较数值"6"换成一个变量,通过对该变量赋值就可实现任意控制报表打印时间。

**6.自绘历史报表表头**

当要实现形式较为复杂的历史报表表头时,可以利用 Draw 提供的图形对象,如线、文本、矩形等,手工绘制历史报表的表头。

### 7.2.2　万能报表

万能报表提供类似 Excel 的电子表格功能,可实现形式更为复杂的报表格式,它的目的是提供一个方便而又灵活的报表设计系统。

**1.创建万能报表**

单击 Draw 菜单命令"工具/万能报表",万能报表自动加在窗口画面上。

**2.万能报表组态**

双击万能报表,出现如图 7.31 所示对话框。

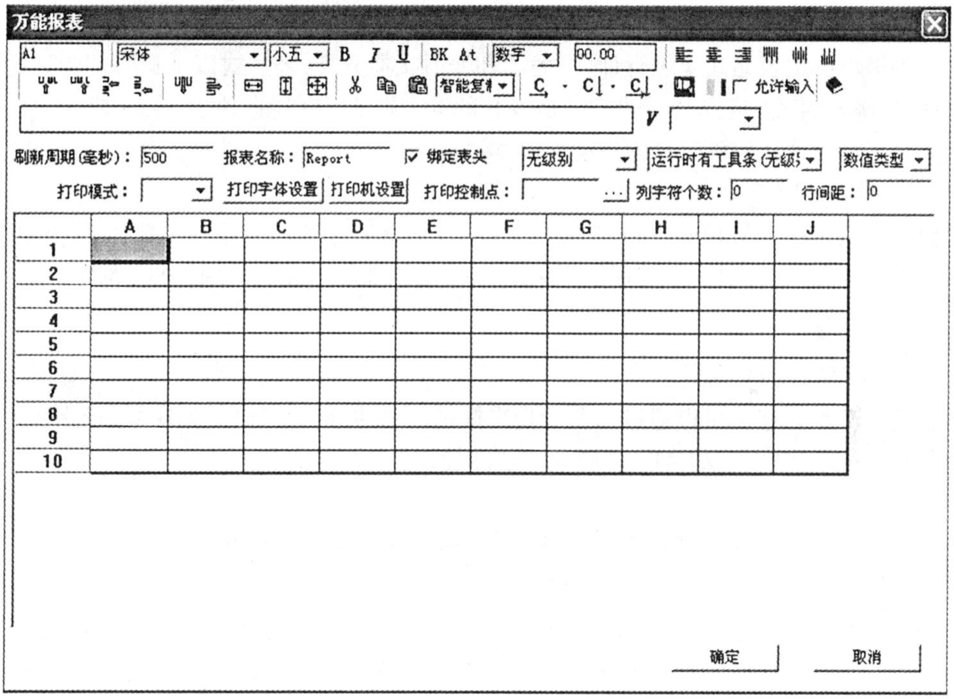

图 7.31　"万能报表"对话框

万能报表最多支持 65535 行 * 254 列,初始为 10 行 * 10 列。

(1) 主要功能

① 每一个单元格都有自己的属性,包括字体、字体大小、背景色、字体颜色、粗体、斜体、下划线、数据格式(数字或字符型变量)、数字型变量输出格式、边框属性、字符的对齐方式等。

② 每一个单元格都有自己的表达式。

③ 支持任意位置插入行(列),删除行(列)。

④ 支持合并单元格。

⑤ 每一行(列)的高(宽)度都可以随意调整。

⑥ 提供丰富的报表函数和变量,构造功能强大的电子表格。

⑦ 方便的智能拷贝,智能替换变量。

⑧ 友好的公式生成器,具有自动生成求和、平均值、最大值、最小值、取历史数据等功能。

(2) 单元格

单元格是万能报表中最基本的单位。列序号用字母描述,行序号用数字描述(类似于Excel)。如第 1 行第 1 列是 A1,第 3 行第 10 列是 J3。

(3) 区域

区域是多个连续单元格的集合,如果对多个单元格进行同一种操作(如改变字体、求和等),就可以把连续单元格看成一个区域。区域可以通过表达式来描述,表达式由 3 部分组成:起始单元格、分割符、终止单元格,如从第 2 行第 3 列到第 8 行第 9 列是"C2:I8"。

(4) 表达式

单元格可以用表达式来进行计算,为了和普通文本分开,表达式以字符" = "为开始字符。如可以让单元格 A15 的内容是 A1 的值,则在 A15 的单元格中应该输入:" = this.A1"。表达式应该符合力控动作脚本语法。

(5) 变量/函数

报表中提供的变量和函数必须加前缀"this."以区别于其他变量和函数,如上述的 A1 在引用时必须用"this.A1",区域可这样引用——"this.B2:I9"或"this.B2:this.I9"。

### 3.报表变量

(1) 单元格和区域变量

任何一个单元格都可以通过一个变量来描述。描述分两个部分:列序号、行序号。区域变量包含了一组变量,如 A1:A3 则表示 A1,A2,A3 三个单元格的值。

(2) Value

在条件计算时用来引用条件单元格的值。属于单元格属性变量。

(3) Col ,Row

本单元格所在的行和列,可以在表达式中引用。假设在单元格 D14 中的表达式为 this.Col,则结果是 4;如果表达式是 this.Row,则结果是 14。

(4) HisYear,HisMonth,HisDay,HisHour,HisMinute

用来取历史数值时的年月日时分的时间值。利用该变量可以方便地控制报表的数值。缺省值为 0。

### 4.报表函数

(1) SumIF

功能:根据指定条件对若干单元格求和。

语法:SumIF(条件区域,条件表达式,求和区域)。

条件区域:用于条件判断的单元格区域;

条件表达式:确定哪些单元格将被求和的条件,可以用 this.value 来表示条件区域中

的变量;

求和区域:需要求和的实际单元格。只有当条件区域中的相应单元格满足条件表达式时,才对该区域中的单元格求和。

**注意**:必须保证条件区域和求和区域的单元格数量一致。

**示例**

假设表达式是 this.SumIF(this.A7:A10,this.Value > 12 && this.Value < 24,this.B7:B10)

如果 A7 到 A10 的值分别是 13、6、25、20,B7 到 B10 分别是 15、20、30、40,因为 A7 和 A10 的值满足条件表达式,则结果应该是:B7 + B10 = 15 + 40 = 55。

（2）AveIF

功能:根据指定条件对若干单元格求平均值。

语法:AveIF（条件区域,条件表达式,求平均值区域）。

条件区域:用于条件判断的单元格区域;

条件表达式:确定哪些单元格将被求平均值的条件,可以用 this.value 来表示条件区域中的变量;

求平均值区域:需要求平均值的实际单元格。只有当条件区域中的相应单元格满足条件表达式时,才对该区域中的单元格求平均值。

**注意**:必须保证条件区域和求平均值区域的单元格数量一致。

**示例**

假设表达式是 this.AveIF(this.A7:A10,this.Value > 12 && this.A1 < 24,this.B7:B10)

如果 A7 到 A10 的值分别是 13、6、25、20,B7 到 B10 分别是 15、20、30、40,如果单元格 A1 的值小于 24,则结果应该是:(B7 + B9 + B10)/3 = (15 + 30 + 40)/3 = 28.33;如果 A1 的值大于等于 24,则结果是 0。

（3）MaxIF,MinIF

功能:根据指定条件对若干单元格求最大值,最小值。

语法:MaxIF（条件区域,条件表达式,求最大值区域）。

　　　MinIF（条件区域,条件表达式,求最小值区域）。

条件区域:用于条件判断的单元格区域;

条件表达式:确定哪些单元格将被求最大(小)值的条件,该表达式必须是力控的条件表达式,可以用 this.value 来表示条件区域中的变量;

求最大(小)值区域:需要求最大(小)值的实际单元格。只有当条件区域中的相应单元格满足条件表达式时,才对该区域中的单元格求最大(小)值。

**注意**:必须保证条件区域和求最大(小)值区域的单元格数量一致。

**示例**

假设表达式是 this.MaxIF(this.A7:A10,this.Value < 24,this.B7:B10)。如果 A7 到 A10 的值分别是 13、6、25、20,B7 到 B10 分别是 15、20、30、40,因为 A7,A8,A10 满足条件,

而 B7,B8,B10 中最大的是 B10,则运算结果为 40。

(4) Count

功能:计算给定区域内满足特定条件的单元格的数目。

语法:Count(条件区域,条件表达式)。

条件区域:用于条件判断的单元格区域;

条件表达式:确定哪些单元格将被计数的条件,该表达式必须是力控的条件表达式,可以用 this.value 来表示条件区域中的变量。

**示例**

假设表达式是 this.Count(this.A1:A4,this.value ==  "甲班"),如果 A1 到 A4 的单元格内容分别是"甲班"、"乙班"、"甲班"、"丙班",则结果是 2。

(5) Sum

功能:返回某一单元格区域中所有数字之和。

语法:Sum(区域 1,区域 2,区域 3⋯)。

区域:用于求和的单元格区域。

**示例**

假设表达式是 this.Sum(this.A1:A4,this.B7),如果 A1 到 A4 的单元格内容分别是 20、30、40、50,B7 的单元格内容是 100,则结果是 $20 + 30 + 40 + 50 + 100 = 240$。

(6) Ave

功能:返回某一单元格区域中所有数字的平均值。

语法:Ave(区域 1,区域 2,区域 3⋯)。

区域:用于求和的单元格区域。

**示例**

假设表达式是 this.Ave(this.A1:A4,this.B7),如果 A1 到 A4 的单元格内容分别是 20、30、40、50,B7 的单元格内容是 100,则结果是 $(20 + 30 + 40 + 50 + 100)/5 = 48$。

(7) Max ,Min

功能:返回某一单元格区域中所有最大(最小)值。

语法:Max(区域 1,区域 2,区域 3⋯)。

　　　 Min(区域 1,区域 2,区域 3⋯)。

区域:用于求最大(小)值的单元格区域。

**示例**

假设表达式是 this.Max(this.A1:this.A4,this.B7),如果 A1 到 A4 的单元格内容分别是 20、30、40、50,B7 的单元格内容是 100,则结果是 100。

(8) IF

功能:执行真假值判断,根据逻辑测试的真假值返回不同的结果。可以使用函数 IF 对数值和公式进行条件检测。

语法:IF(条件表达式,结果 1,结果 2)。

条件表达式:表示计算结果为 TRUE 或 FALSE 的任意值或表达式。

结果 1:如果条件成立,则运算结果是该结果。可以是表达式。

结果 2:如果条件不成立,则运算结果是该结果。可以是表达式。

**示例**

假设表达式是 this.IF(this.A1 > 12, this.B7, this.B8),B7 的单元格内容是 100,B8 的单元格内容是 10 000,如果 A1 单元格内容是 20,则结果是 100;如果 A1 为 − 10,则结果是 10 000。

# 7.3　报警和事件

力控能及时将控制过程和系统的运行情况通知操作人员。力控支持过程报警、系统报警和事件记录的显示、记录和打印。

过程报警是指过程情况的警告,比如,数据超过规定的报警限值或数据发生异常时,系统会自动提示和记录,根据需要还可以产生声音报警等。

系统报警包括系统运行错误报警、I/O 设备通信错误报警、故障报警等。

事件记录则是系统对各种系统状态以及用户操作等信息的记录。

报警产生时首先由实时数据库处理和保存,然后可由界面系统显示和确认。由于 DB 与 HMI 可以分布运行在不同网络结点上,所以任意一台工作站的人机界面系统都可以显示和确认运行在其他网络工作站上的实时数据库产生的报警信息。分布式的报警信息对于操作人员是透明的,操作人员不必清楚报警来自于本地数据库还是远程网络数据库。

## 7.3.1　报警组态

报警数据在实时数据库中处理和保存。各种报警参数是数据库点的基本参数,在用数据库管理器(DbManager)进行点组态的同时设置点的报警参数。

报警记录是用来显示和确认报警数据的窗口。由开发系统 Draw 在工程画面中创建,由界面运行系统 View 运行显示。

### 1.报警记录

报警记录使用两种预定义的类型:实时报警和历史报警。实时报警只反映当前未确认和确认的报警。如果经过处理后,一个报警返回到正常状态,则这个变量的报警状态变为"恢复"状态,它前面产生的报警状态从显示中消失。历史报警反映了所有发生过的报警。"历史报警记录"可显示出报警发生的时间、确认的时间和报警状态返回到正常状态时的时间。

在两种类型报警的显示中,报警记录按行显示,一屏可显示的行数由报警记录的大小和显示字体决定。

力控允许用户配置报警记录,包括显示字体、确认未确认项的显示颜色等。报警记录由以下字段组成:

"报警时间 + 报警位号 + 报警点描述 + 报警类型 + 报警当前值 + 报警优先级 + 确认或恢复状态"。各个字段在运行时是否显示是可选择的。

（1）报警时间

格式为：YY/MM/DD hh:mm:ss

（2）报警位号

报警点的位号名称。

（3）报警点描述

报警点的点描述（引用 DB 中点参数 DESC 的值）。

（4）报警类型

发生报警的类型,模拟量报警包括低报、低低报、高报、高高报、偏差报警、变化率报警等,开关量报警实际上就是异常值报警,有 ON 报警和 OFF 报警两种情况。

（5）报警当前值

产生报警时的过程值。

（6）报警优先级

发生报警的优先级别,包括低级、高级、紧急报警。

（7）确认或恢复状态

报警是否处于确认、未确认和恢复、未恢复状态。

**2.创建报警记录**

**例7.6**　创建一个标准的报警记录。

具体步骤如下：

① 单击工具箱中的"报警记录"工具按钮。

② 在窗口中单击,按住鼠标左键进行拖动,调整报警记录大小,如图 7.32 所示。

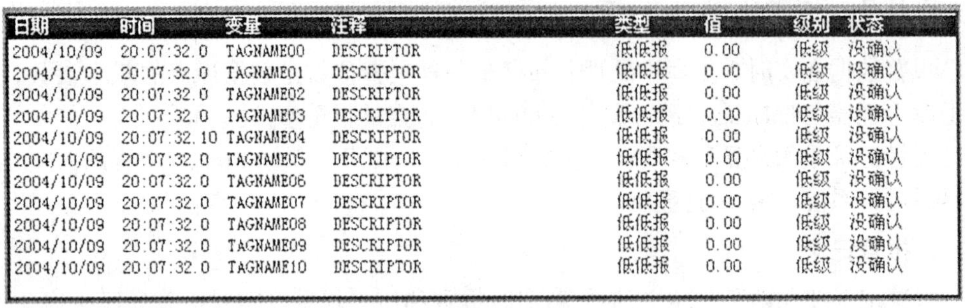

| 日期 | 时间 | 变量 | 注释 | 类型 | 值 | 级别 | 状态 |
|------|------|------|------|------|-----|------|------|
| 2004/10/09 | 20:07:32.0 | TAGNAME00 | DESCRIPTOR | 低低报 | 0.00 | 低级 | 没确认 |
| 2004/10/09 | 20:07:32.0 | TAGNAME01 | DESCRIPTOR | 低低报 | 0.00 | 低级 | 没确认 |
| 2004/10/09 | 20:07:32.0 | TAGNAME02 | DESCRIPTOR | 低低报 | 0.00 | 低级 | 没确认 |
| 2004/10/09 | 20:07:32.0 | TAGNAME03 | DESCRIPTOR | 低低报 | 0.00 | 低级 | 没确认 |
| 2004/10/09 | 20:07:32.10 | TAGNAME04 | DESCRIPTOR | 低低报 | 0.00 | 低级 | 没确认 |
| 2004/10/09 | 20:07:32.0 | TAGNAME05 | DESCRIPTOR | 低低报 | 0.00 | 低级 | 没确认 |
| 2004/10/09 | 20:07:32.0 | TAGNAME06 | DESCRIPTOR | 低低报 | 0.00 | 低级 | 没确认 |
| 2004/10/09 | 20:07:32.0 | TAGNAME07 | DESCRIPTOR | 低低报 | 0.00 | 低级 | 没确认 |
| 2004/10/09 | 20:07:32.0 | TAGNAME08 | DESCRIPTOR | 低低报 | 0.00 | 低级 | 没确认 |
| 2004/10/09 | 20:07:32.0 | TAGNAME09 | DESCRIPTOR | 低低报 | 0.00 | 低级 | 没确认 |
| 2004/10/09 | 20:07:32.0 | TAGNAME10 | DESCRIPTOR | 低低报 | 0.00 | 低级 | 没确认 |

图 7.32　"报警记录"组态画面

**3.配置报警记录**

双击报警记录,出现"报警组态"对话框,"报警组态"对话框共有两个选项卡:一般配置和记录格式。如图 7.33、图 7.34 所示。

（1）"一般配置"选项卡中各项内容说明

① 确认、未确认颜色:可以为报警记录中的确认和未确认的报警选择文本的颜色。

② 数据源:此项设定报警记录所显示的报警信息的数据源。数据源中的选项是已定义的指向实时数据库的数据源名称。因为力控是一个分布式多数据库系统,所以这些实时数据库可以是本地实时数据库,也可以是网络中其他结点的实时数据库。

③ 报警类型:实时记录或历史记录。实时记录显示所有当前激活的报警,历史记录

图 7.33　"报警组态/一般配置"选项卡

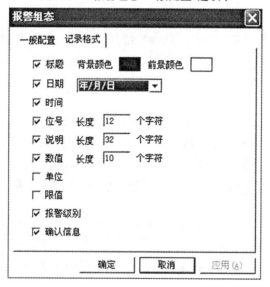

图 7.34　"报警组态/记录格式"选项卡

显示报警信息的历史记录。

④ 区域:对于实时报警记录可以设定从 0 到 31 的区域号以显示指定区域的报警信息,或者选择"所有区域"以显示来自所有区域的报警信息(这时的区域号为 - 1)。对于历史报警记录,用户可以指定从 0 到 31 的区域号以显示指定区域报警信息的历史记录(历史报警记录不能指定显示所有区域)。

⑤ 字体:单击此项按钮,弹出字体选择对话框。可以为报警记录中的文本重新选择字体。

(2)"记录格式"选项卡中各项内容说明

① 标题:指定是否在运行时显示报警标题。

② 背景颜色:指定报警标题的背景颜色。

③ 前景颜色:指定报警标题的前景颜色。

④ 日期:指定是否在运行时显示发生报警的日期。单击其后的下拉框,有几种日期显示格式可供选择。

⑤ 时间:指定是否在运行时显示发生报警的时间。

⑥ 位号:指定是否在运行时显示发生报警的点的参数。当选择显示发生报警的点的参数时,其后面的输入框用来指定显示参数名称的字符宽度。

⑦ 说明:指定是否在运行时显示发生报警的点说明(DESC)。当选择显示发生报警的点说明时,其后面的输入框用来指定显示点说明的字符宽度。

⑧ 数值:指定是否在运行时显示发生报警的点的过程值(PV)。当选择显示发生报警的点的过程值时,其后面的输入框用来指定点显示过程值的字符宽度。

⑨ 报警级别:指定是否在运行时显示发生报警的报警级别。

⑩ 确认信息:指定是否在运行时显示发生报警的报警确认状态。

### 7.3.2  查询历史报警

在实际生产过程中,每天都要产生大量的报警。在历史报警记录中显示的报警信息是按一天里产生的报警记录发生时间的倒序排列显示的。在报警记录的右端有一个垂直滚动条。双击垂直滚动条向上或向下的箭头,报警记录即向前或向后翻屏。

**例 7.7** 用脚本方式实现查询历史报警记录的过程(实时报警和历史报警的方法相同)。

假设我们创建 6 个工具按钮,分别用于控制报警记录在运行期间显示"前一天"、"后一天"、"前一页"、"后一页"、"前一区"和"后一区"的报警信息。

① 首先创建一个报警记录,然后创建 6 个按钮,同时选中这 6 个按钮和报警记录,选择工具箱中"打成单元"工具。这时,6 个按钮与报警记录建立了单元连接关系,如图 7.35 所示。

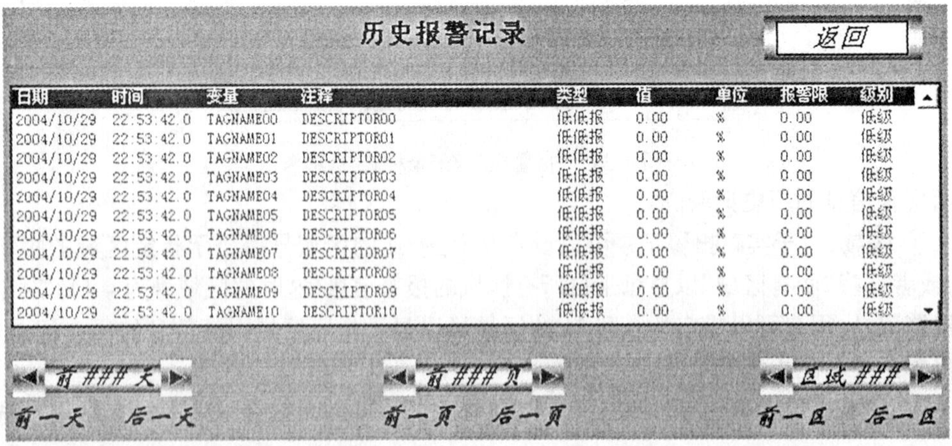

图 7.35 "用脚本方式实现查询历史报警记录的过程示例"组态画面

② 选中"前一天"按钮(因为该按钮对象与报警记录建立了单元连接关系,所以在被选中后其控制手柄的样式变成了空心小矩形块,而不是一般情况下的黑色小矩形块),双击该按钮对象打开"动画连接"对话框。

在"动画连接"对话框中单击"触敏动作/左键动作",打开动作脚本编辑器,在"按下鼠标"对应的编辑器里输入:

```
if(this.off _ day < 31) then
    this.off _ day = this.off _ day + 1;
endif
```

需要说明的是,因为该按钮对象与报警记录建立了单元连接关系,所以按钮对象的动作脚本中的"this"就指向了报警记录。".off _ day"是报警记录的一个属性字段,用于确定其时间查询条件,单位为天。当".off _ day"为 0 时,表示显示当天的报警记录;为 1 时表示前一天;为 2 时表示前两天,依次类推。

③ 其他 5 个按钮采用相同的处理方法,但在脚本编辑器键入的脚本程序分别如下:

"后一天"按钮:
```
if(this.off _ day > 0) then
    this.off _ day = this.off _ day - 1;
endif
```
"前一页"按钮:
```
this.page = this.page + 1;
```
"后一页"按钮:
```
if (this.page > 0) then
this.page = this.page - 1;
endif
```
"前一区"按钮:
```
this.area _ no = this.area _ no + 1;
```
"后一区"按钮:
```
if (this.area _ no > 0) then
this.area _ no = this.area _ no - 1;
endif
```

④ 在运行时,分别选择这 6 个按钮,报警记录显示的内容将依次被切换为:"前一天"、"后一天"、"前一页"、"后一页"、"前一区"和"后一区"的报警信息。

**注意**:力控可以为用户保存一年的历史报警信息,一年以前的内容将被新的内容覆盖。

### 7.3.3　确认报警

对报警进行确认可以有多种方式。当操作人员想确认某个过程点最近发生的一条报警时,它可以在运行系统的实时报警记录上,选择该条报警记录,然后双击操作,报警则变为确认状态。

也可以通过脚本动作确认报警。这种方法既可以对当前最新产生的一条报警进行确认,也可以同时对所有未确认的报警进行确认。下面描述了用脚本方式确认当前最新报警和所有报警的过程:

　　① 首先创建一个实时报警记录。注意,报警的确认只能通过实时报警记录进行。然后创建用于操作的两个按钮:确认当前报警和确认所有报警。按住 Shift 键,用鼠标依次单击确认当前报警按钮、确认所有报警按钮和实时报警记录,于是这 3 个对象同时被选中,选择工具箱中"打成单元"工具,使这两个按钮对象与实时报警记录形成单元连接关系。如图 7.36 所示。

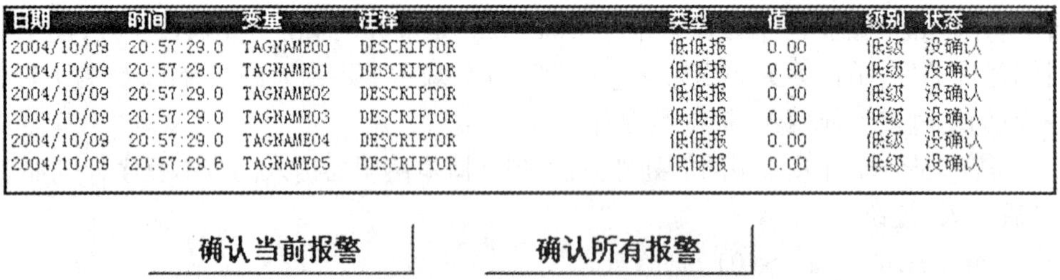

| 日期 | 时间 | 变量 | 注释 | 类型 | 值 | 级别 | 状态 |
|------|------|------|------|------|------|------|------|
| 2004/10/09 | 20:57:29.0 | TAGNAME00 | DESCRIPTOR | 低低报 | 0.00 | 低级 | 没确认 |
| 2004/10/09 | 20:57:29.0 | TAGNAME01 | DESCRIPTOR | 低低报 | 0.00 | 低级 | 没确认 |
| 2004/10/09 | 20:57:29.0 | TAGNAME02 | DESCRIPTOR | 低低报 | 0.00 | 低级 | 没确认 |
| 2004/10/09 | 20:57:29.0 | TAGNAME03 | DESCRIPTOR | 低低报 | 0.00 | 低级 | 没确认 |
| 2004/10/09 | 20:57:29.0 | TAGNAME04 | DESCRIPTOR | 低低报 | 0.00 | 低级 | 没确认 |
| 2004/10/09 | 20:57:29.6 | TAGNAME05 | DESCRIPTOR | 低低报 | 0.00 | 低级 | 没确认 |

　　　　确认当前报警　　　　　　　确认所有报警

图 7.36　"通过脚本动作确认报警"组态画面

　　② 双击确认当前报警按钮对象打开"动画连接"对话框。

　　③ 单击"触敏动作/左键动作",打开动作脚本编辑器,在"按下鼠标"对应的编辑器里输入:AlmAck();。

　　④ 对于确认所有报警按钮,步骤同上。在"按下鼠标"对应的编辑器里输入:AlmAck-All("LocalDB", -1);。

　　需要说明的是,函数 AlmAckAll 中第一个参数是预先定义的指向本地实时数据库 DB 的数据源序号,这个数据源序号与报警配置中的数据源序号是一致的;第二个参数是区域号,在这里设为 -1 代表所有区域。

## 7.3.4　事　件

　　力控事件系统记录了系统进程的启停、状态的变化、内部消息以及操作人员的活动记录等信息。例如,当系统启动运行或退出运行,或操作人员手工设置变量数值时,就会触发力控的事件系统对所发生的事件进行记录。

　　在实际应用中,事件记录可以作为事故追忆、历史信息查询的重要手段。

　　记录的事件类型分为 3 类:系统事件、过程操作和系统操作、分类进行显示或查询。

　　当指定了查询事件记录的日期和时间后,单击"开始定位"按钮,事件记录窗口自动更新显示查询到的所有事件记录信息。

　　显示事件记录的过程有两种方法:一是在运行环境中直接激活运行系统菜单命令"窗口(W)/事件记录显示";二是可从通过脚本动作实现。

　　下面是通过脚本动作实现显示事件记录的方法:

　　① 首先要创建一个操作按钮用于显示事件记录,假设将其定义为"显示事件"按钮。

② 双击"显示事件"按钮,出现"动画连接"对话框。

③ 单击"触敏动作/左键动作",打开动作脚本编辑器,在"按下鼠标"对应的编辑器里输入:EventDisp()。

④ 单击"确认"按钮,关闭对话框。

# 7.4　总　　貌

总貌报表是对实时数据库特定区域中特定单元内所有点的相关信息的集中显示,内容包括点名、当前值、报警状态、点说明、工程单位等。

## 7.4.1　创建总貌

① 在工具箱中选择总貌按钮,在窗口中点击并拖拽到合适大小后释放鼠标。结果如图 7.37 所示。

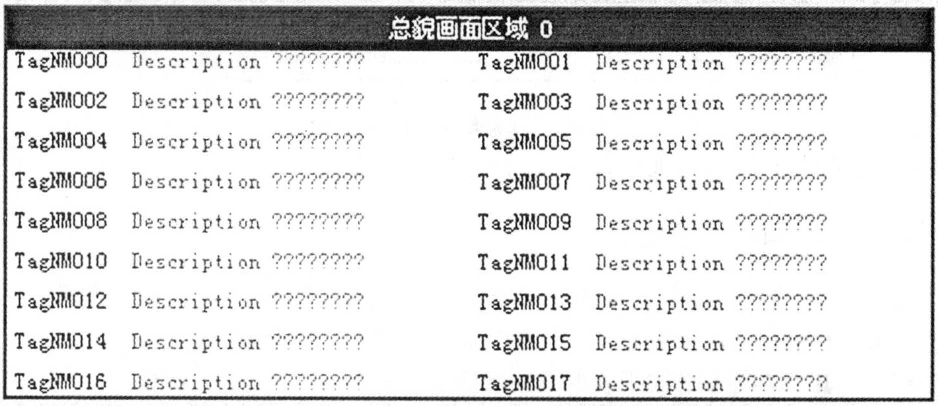

| 总貌画面区域 0 | |
|---|---|
| TagNM000　Description ???????? | TagNM001　Description ???????? |
| TagNM002　Description ???????? | TagNM003　Description ???????? |
| TagNM004　Description ???????? | TagNM005　Description ???????? |
| TagNM006　Description ???????? | TagNM007　Description ???????? |
| TagNM008　Description ???????? | TagNM009　Description ???????? |
| TagNM010　Description ???????? | TagNM011　Description ???????? |
| TagNM012　Description ???????? | TagNM013　Description ???????? |
| TagNM014　Description ???????? | TagNM015　Description ???????? |
| TagNM016　Description ???????? | TagNM017　Description ???????? |

图 7.37　"总貌"画面

② 这时可以像处理普通图形对象一样来改变总貌报表的属性,在"对象属性"对话框中,可以改变总貌报表的填充颜色、边线颜色、边线风格及字体风格等。

## 7.4.2　总貌组态

双击总貌对象,弹出"总貌画面组态"对话框,如图 7.38 所示。

"总貌画面组态"对话框说明如下:

① 数据源:选择实时数据库的来源。

② 区域号、单元号:指定要显示的数据库点所在的区域号、单元号。

③ 变量:显示指定变量名的字符宽度。

④ 测量值:显示指定过程测量值(PV 值)的字符宽度。

⑤ 工程单位:显示指定工程单位(EU 值)的字符宽度。

⑥ 颜色指定:指定一些显示信息的颜色。

⑦ 标题背景色、标题前景色:指定总貌报表标题的背景颜色、前景(标题文本)颜色。

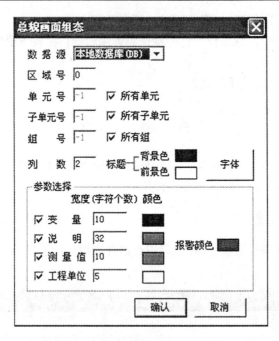

图 7.38　"总貌画面组态"对话框

⑧ 报警颜色:指定处于报警状态点的背景显示颜色。

### 7.4.3　用脚本控制总貌

当总貌画面的点数很多时,利用脚本程序可以控制总貌报表向后或向前翻页浏览。另外,也可以利用脚本程序在运行时动态更换显示的区域或单元。

**例 7.8**　用脚本控制总貌报表的方法示例。

① 在工具箱中选择总貌按钮,在窗口中点击并拖拽到合适大小后释放鼠标。结果如图 7.37 所示。

② 创建 6 个按钮:"前一单元"、"后一单元"、"前一区域"、"后一区域"、"前一页"和"后一页"。

③ 同时选中总貌报表对象和 6 个按钮对象,在工具箱中选取工具"打成单元",使按钮对象与总貌报表对象形成单元连接关系,如图 7.39 所示。

④ 选中"前一单元"按钮后双击,出现"动作定义"对话框,选中"触敏动作/左键动作",弹出脚本编辑器,在编辑器中输入:

　　　if( this. unit _ no ＞ － 1) then　　　//当 unit _ no 为 － 1 时代表所有单元

　　　this. unit _ no = this. unit _ no － 1 ;

　　　endif

⑤ 单击"确认"按钮保存键入内容,然后单击"返回"按钮退出"动作定义"对话框。

⑥ 其他 5 个按钮采用相同的处理方法,但在脚本编辑器键入的脚本程序分别如下:

"后一单元"按钮:

　　　this. unit _ no = this. unit _ no + 1 ;

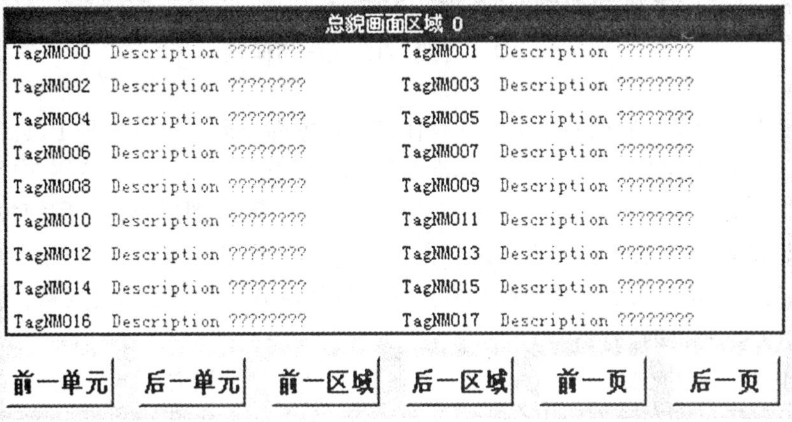

图 7.39　"总貌报表"组态画面

"前一区域"按钮：

    if( this. area _ no > 0) then
    this. area _ no = this. area _ no - 1 ;
    endif

"后一区域"按钮：

    this. area _ no = this. area _ no + 1 ;

"前一页"按钮：

    if this. curline > 18 then
    this. curline = this. curline - 18 ;　　//一页显示 18 行内容
    endif

"后一页"按钮：

    this. curline = this. curline + 18 ;　　//一页显示 18 行内容

⑦ 运行时,分别选择这 6 个按钮,总貌报表的内容依次被切换为:"前一单元"、"后一单元"、"前一区域"、"后一区域"、"前一页"和"后一页"的信息。如图 7.39 和图7.40所示。

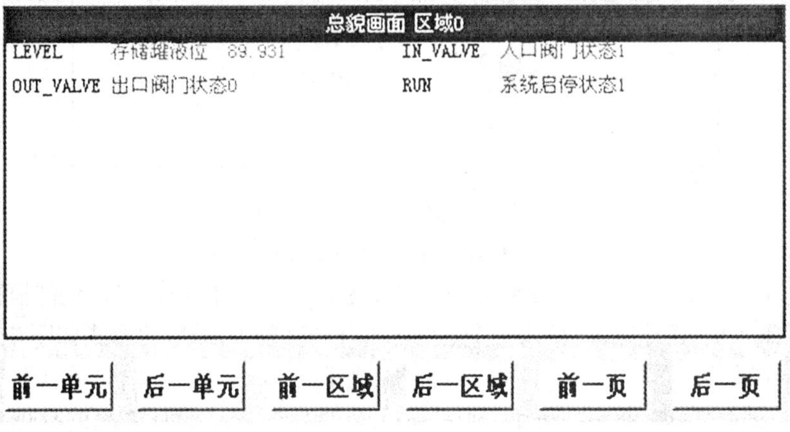

图 7.40　"总貌报表"运行画面

# 7.5 图 形 模 板

图形模板是为了在界面系统上灵活操作实时数据库点而设计的一种工具。通过图形模板可将用户创建的图形画面定义成标准图形画面。如果在一个应用程序中,多幅画面具有相同的画面结构及元素,那么只需定义一幅图形模板,在图形模板上用模板替换变量对模板图形对象进行动画连接,在图形界面系统运行程序 View 下动态改变图形模板的位号组编号,就可以将模板图形对象的动画连接变量替换成当前位号组的变量,达到一幅画面显示多组变量的目的。

在前面介绍过实时数据库中关于点、点参数和点类型的概念。同一点类型下的点具有相同的点参数。在实际应用中会遇到这种情况:在界面上要显示的同一类型的点参数信息完全相同,当要查看不同点的信息时,只要变换点的名称,画面便能自动更新成为该点的信息。

例如,对于控制点,希望在一幅画面上显示点的名称(Name)、过程值(PV)、目标值(SP)、输出值(OP)等。在运行时,只要在画面键入不同控制点的名称,画面上的参数信息就自动更新成为该点的信息。

同一类型点的一组相关信息构成的显示或操作图形称之为图形模板。

**例 7.9** 创建一个由控制类的点名(Name)、过程值(PV)、目标值(SP)、输出值(OP)组成的图形模板示例。

具体步骤如下:

① 选择菜单命令"工具/图形模板",在窗口中点击并拖拽到合适大小后释放鼠标。然后创建 1 个按钮"输入",3 个文本对象:"PV"、"SP"和"OP"。如图 7.41 所示。

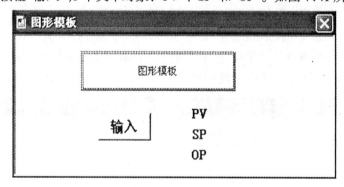

图 7.41 "图形模板"组态画面

② 同时选中按钮、3 个文本对象和图形模板,将它们打成单元。

③ 双击文本"PV"出现"动画连接"对话框,选择"数值输出/模拟",出现"模拟值输出"对话框,在输入框"表达式"内键入一个变量名和 PV 参数名,最后的形式如图 7.42 所示。

④ 单击"确认"按钮后,系统提示是否定义变量"tagName.pv",单击"确认"按钮后进入"变量定义"对话框,如图 7.43 所示。其中要正确指定所连接的数据库的数据源,变量类别指定为"模板替换变量"。

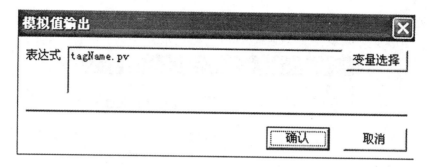

图 7.42 "模拟值输出"对话框

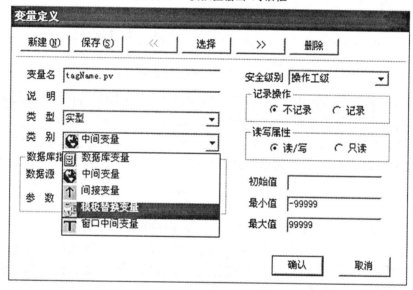

图 7.43 "变量定义"对话框

⑤ 保存变量组态内容并退出"变量定义"对话框。

⑥ 对文本"SP"、"OP"采用相同的处理,但在定义"数值输出/模拟"时,指定的变量分别为"tagName.sp"和"tagName.op"。

⑦ 双击按钮"输入"出现"动画连接"对话框,选择"数值输入/字符串",出现"数值输入"对话框,在"变量"内输入一个字符型变量,最后的形式如图 7.44 所示。

如果变量"temp"没有定义,则对它进行定义。

⑧ 继续定义按钮"输入"的另一个动作——"触敏动作/左键动作",在出现的脚本编辑器对话框中选择"释放鼠标"事件,并输入脚本:ChangeTag("tagName",temp)。

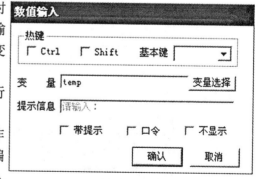

图 7.44 "数值输入"对话框

⑨ 完成对"输入"按钮的动作定义后,为了使图形模板初始运行时就能显示一个位号

的信息,还需要对"图形模板"对象加入动作。

　　双击"图形模板"对象,出现对话框,如图 7.45 所示。

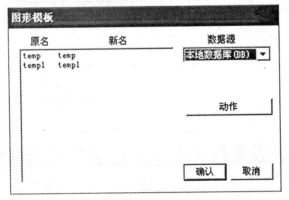

图 7.45　"图形模板"对话框

　　假设"Control1"为数据库中已定义的控制点的点名,为使图形模板初始运行时首先显示"Control1"的信息,则在脚本编辑器中输入:ChangTag("tagName","Control1")。

　　⑩ 进入运行后,单击"输入"按钮,在输入框内输入一个数据库中控制点的名称,可以发现,画面上的 PV、SP、OP 等参数自动更新为该点的数据。

# 习　　题

　　7.1　创建如习题图 7.1 所示的实时趋势图。图中有两个控制按钮,一个按钮用于增加时间间隔,一个按钮用于减少时间间隔,用它们对实时趋势的"时间间隔"进行控制。进入运行状态后,每次单击这两个控制按钮,实时趋势的时间范围就会被减小到原来的50%或增大到原来的 200%。

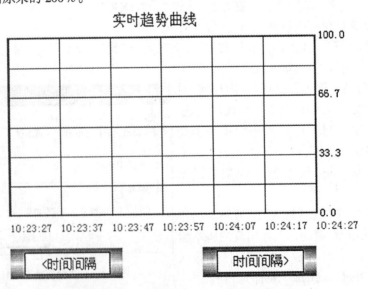

习题图 7.1　可以改变时间间隔的实时趋势

7.2　创建一历史趋势如习题图 7.2 所示。要求用动作脚本对趋势的"数值坐标轴"的放大系数进行控制。进入运行状态后,每次单击"放大一倍"或"缩小一倍",趋势的"数值坐标轴"的放大系数将放大一倍或缩小一倍。

### 历史趋势曲线

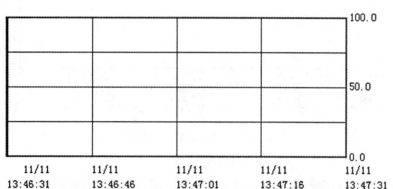

习题图 7.2　可以改变"数值坐标轴"放大系数的历史趋势

7.3　创建如习题图 7.3 所示的 X_Y 曲线,变量 X、Y 为三角函数余弦关系。

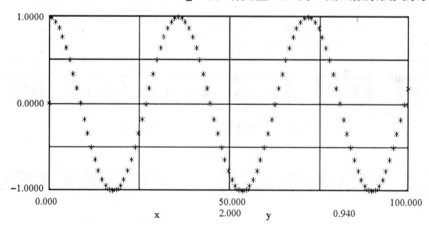

习题图 7.3　按余弦规律变化的 X-Y 曲线

7.4　创建如习题图 7.4 所示的历史报表。要求进入运行系统 View 后,可通过 4 个按钮,即"前一天"、"后一天"、"前一小时"、"后一小时",对该历史报表数据进行查询。

7.5　创建如习题图 7.5 所示的历史报警记录。当进入运行系统 View 后,可通过 6 个按钮,即"前一天"、"后一天"、"前一页"、"后一页"、"前一区"、"后一区",对该历史报警记录实现数据查询。要求用脚本方式实现查询历史报警记录的过程。

7.6　创建如习题图 7.6 所示的总貌。当进入运行系统 View 后,可通过 6 个按钮,即"前一单元"、"后一单元"、"前一区域"、"后一区域"、"前一页"、"后一页",对该总貌进行数据查询。要求用脚本程序控制总貌报表向后或向前翻页浏览以及动态更换显示的区域或单元。

## 历史报表

| | | 位号：LEVEL.PV 开始时间：2004/11/11　14:55:21 | | | | | |
|---|---|---|---|---|---|---|---|
| 1 | 55:21 | 57.83 | 7 | 55:27 | 93.08 | 13 | 55:33 | 62.80 |
| 2 | 55:22 | 62.68 | 8 | 55:28 | 89.61 | 14 | 55:34 | 59.86 |
| 3 | 55:23 | 69.45 | 9 | 55:29 | 83.74 | 15 | 55:35 | 54.70 |
| 4 | 55:24 | 76.00 | 10 | 55:30 | 77.81 | 16 | 55:36 | 46.92 |
| 5 | 55:25 | 80.90 | 11 | 55:31 | 72.27 | 17 | 55:37 | 43.65 |
| 6 | 55:26 | 86.21 | 12 | 55:32 | 67.98 | 18 | 55:38 | 40.31 |

| 前一天 | 后一天 | 前一小时 | 后一小时 |
|---|---|---|---|

习题图 7.4　可进行数据查询的历史报表

## 历史报警记录

| 日期 | 时间 | 变量 | 注释 | 类型 |
|---|---|---|---|---|
| 2004/11/11 | 16:25:28.0 | TAGNAME00 | DESCRIPTOR | 低低报 |
| 2004/11/11 | 16:25:28.4 | TAGNAME01 | DESCRIPTOR | 低低报 |
| 2004/11/11 | 16:25:28.3 | TAGNAME02 | DESCRIPTOR | 低低报 |
| 2004/11/11 | 16:25:28.1 | TAGNAME03 | DESCRIPTOR | 低低报 |
| 2004/11/11 | 16:25:28.12 | TAGNAME04 | DESCRIPTOR | 低低报 |
| 2004/11/11 | 16:25:28.12 | TAGNAME05 | DESCRIPTOR | 低低报 |
| 2004/11/11 | 16:25:28.12 | TAGNAME06 | DESCRIPTOR | 低低报 |
| 2004/11/11 | 16:25:28.12 | TAGNAME07 | DESCRIPTOR | 低低报 |
| 2004/11/11 | 16:25:28.12 | TAGNAME08 | DESCRIPTOR | 低低报 |
| 2004/11/11 | 16:25:28.12 | TAGNAME09 | DESCRIPTOR | 低低报 |

| 前一天 | 后一天 | 前一页 | 后一页 | 前一区 | 后一区 |
|---|---|---|---|---|---|

习题图 7.5　可进行查询的历史报警记录

## 总　貌

| 总貌画面区域 0 | | | |
|---|---|---|---|
| TagNM000 Description | ???????? | TagNM001 Description |
| TagNM002 Description | ???????? | TagNM003 Description |
| TagNM004 Description | ???????? | TagNM005 Description |
| TagNM006 Description | ???????? | TagNM007 Description |
| TagNM008 Description | ???????? | TagNM009 Description |
| TagNM010 Description | ???????? | TagNM011 Description |

| 前一单元 | 后一单元 | 前一区域 | 后一区域 | 前一页 | 后一页 |
|---|---|---|---|---|---|

习题图 7.6　可进行查询和动态切换显示区域的总貌

# 第8章 控　件

控件是能够完成特定任务的一段程序,但不能独立运行,必须依赖于一个主体程序(容器)。控件具有各种属性,可以控制控件的外观和行为,接受输入并提供输出。

力控支持两种控件:OLE 控件和 Windows 控件。

在力控的界面开发系统中,若要插入控件,选择 Draw 菜单命令"工具"中的"Windows 控件"或"OLE 控件"。

## 8.1　OLE 控件

OLE 控件,也被称为 ActiveX 控件或 ocx,是一种完成特定任务的独立的标准软件组件。OLE 控件定义了可重用组件的标准接口。但 OLE 控件不是独立的程序,它是置入控件容器的服务器。在使用 OLE 控件时,首先必须将其置入控件容器中。力控就是一个标准的控件容器。诸如 Microsoft VisualBasic 或 IE 浏览器都是标准控件容器。

用户可以用 Microsoft VisualBasic、VC＋＋或其他第三方应用程序开发工具生成 OLE 控件,也可以直接从第三方开发商那里购买能完成特定功能的 OLE 控件。这些控件一般以 ocx 形式被打包。

### 8.1.1　OLE 控件管理

**1.置入一个 OLE 控件**

若要在力控画面中置入一个 OLE 控件,可选择 Draw 菜单命令"工具/OLE 控件",出现"选择控件"对话框,如图 8.1 所示。

选择一个控件后,单击"选择"按钮。

图 8.1 所示对话框中列出的 OLE 控件都是已经在力控中注册后的控件。若要使用一个新的 OLE 控件,单击"管理"按钮,出现"OLE 控件管理器"对话框,如图 8.2 所示。

图 8.2 对话框中列出了所有已在力控上注册的 OLE 控件。

"OLE 控件管理器"对话框说明如下:

① 添加:单击该按钮,出现对话框,列出所有已在 Windows 上注册的 OLE 控件,如图 8.3 所示。

选择要使用的控件后,单击"确定"按钮,该控件将在力控中注册。

② 删除:单击该按钮,将注销在力控上注册的控件。

③ 注册:指定要注册的 ocx 文件后,该 ocx 文件将被注册在 Windows 上。

④ 注销:单击该按钮,出现图 8.3 所示对话框,指定要注销的 ocx 文件后,单击"确定", 该 ocx 文件将从 Windows 上注销。

图 8.1　"选择控件"对话框

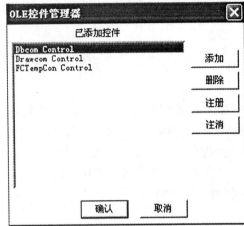

图 8.2　"OLE 控件管理器"对话框

图 8.3　Windows 上注册的 OLE 控件

用上述方法在力控上注册后的 OLE 控件,就可以插入到力控画面上使用了。

**注意**:以下类型的 OLE 控件不能在力控中使用:Simple Frame Site(Group Box)、非窗口型控件、数据控件(Data Controls)、Dispatch 对象、Arrays、Blobs、Ob – jects、Variant 等类型。

**2.浏览 OLE 控件属性/方法**

当要浏览已经插入在力控画面上的 OLE 控件的所有属性和方法时,可按如下步骤进行:

① 单击要浏览的 OLE 控件。

② 选择 Draw 菜单命令"查看/OLE 控件方法/属性",出现"控件属性/方法"对话框,如图 8.4 所示。

图 8.4　"控件属性/方法"对话框

对话框上分两页分别列出了该控件的所有方法和属性的名称与格式。

**注意**:力控不支持的一些特殊数据类型的 OLE 控件的属性,此时属性列表框中"类型"一项会显示"不支持"字样。

**3.设置 OLE 控件属性**

若要设置已经插入到力控画面上的 OLE 控件属性时,可按如下步骤进行:

① 选中要设置属性的 OLE 控件。

② 单击鼠标右键,在弹出的右键菜单中选择"对象属性",出现该 OLE 控件的属性设置对话框,在对话框上调整各项参数后,单击"确定"返回。

**注意**:某些 OLE 控件不提供属性设置功能,此时,OLE 控件的属性设置对话框的内容为空白。

## 8.1.2 用动作脚本控制 OLE 控件

在对象脚本中,OLE 控件可接收容器 Draw 产生的事件:鼠标按下事件、鼠标按住周期触发事件、释放鼠标事件、OLE 控件初始运行事件以及 OLE 控件周期运行事件等。

若要在 OLE 控件上加入对象脚本,可按如下步骤操作:

① 双击 OLE 控件,出现"动画连接"对话框。

② 选择"触敏动作/左键动作"(定义有关鼠标按下事件、鼠标按住周期触发事件和释放鼠标事件的脚本)或"杂项/一般性动作"(定义有关 OLE 控件初始运行事件以及 OLE 控件周期运行事件的脚本),出现脚本编辑器后,可以开始编写动作脚本程序。

③ 当要引用该 OLE 控件的方法和属性时,可单击编辑器上的"方法/属性"按钮,出现"控件属性/方法"对话框后,直接选择其中的方法或属性名称。

　　另外,在对象脚本中引用 OLE 控件的属性或方法时,可以使用"this"代替 OLE 控件对象名称。如

　　　　this.day = 29 ;

　　　　Tag1 = this.Year ;

　　如果在命令型脚本(应用程序动作脚本、窗口动作脚本、数据改变动作脚本和键动作脚本)中引用 OLE 控件的方法和属性,则必须定义 OLE 控件的对象名称,以便在脚本中引用多个 OLE 控件时加以区别。动作脚本程序中,OLE 控件对象名称前还要以符号"＃"开头。

　　例如,"Calendar1"是一个 OLE 控件的对象名称,则下面的脚本是正确的。

　　　　＃Calendar1.Day = 29 ;

　　　　Tag1 = ＃Calendar1.Year ;

### 8.1.3　力控 OLE 控件

　　下面简单介绍由力控提供的几个 OLE 控件,有关详细的使用方法请参阅力控用户手册。

**1.DbCom 控件**

　　力控的实时数据库是一个开放的数据平台。用户可以利用数据库提供的接口,在该平台上进行二次开发,创建自己开发的应用程序(如过程优化控制程序等)。

　　实时数据库提供的控件 DbCom 就是一种方便、高效的接口方式。

　　DbCom 是一个标准 OLE 控件。用户在各种常用开发环境下(如 VC＋＋、VB、VFP、DELPHI、FrontPage、C＋＋ Build 等)都可以调用 DbCom 来访问数据库中的数据。

　　在安装力控时,安装程序自动完成 DbCom 的安装与注册。

　　DbCom 是一个在程的 OLE 控件,当在应用程序中使用时,必须同时启动数据库 DB(有关 ActiveX 的详细信息,请参考相关资料)。

　　功能:

　　① 通过 DbCom 不但可以访问本地数据库,而且可以访问网络上其他远程主机上的数据库。

　　② 通过 DbCom 不但可以读取数据,而且可以设置数据。

　　③ 通过 DbCom 不但可以读写数据,而且可以得到数据变化通知。当数据变化时,用户定义的方法将被触发。

　　④ 通过 DbCom 不但可以访问实时数据,而且可以检索历史数据。

　　配置:

　　若访问本地数据库,需要启动本地数据库 DB,并保证 DbCom.ocx 已注册成功;当访问远程数据库时,远程主机需要启动 DB 和 NetServer。

**2.DrawCom 控件**

　　DrawCom 控件用于实现在其他容器中浏览力控运行时的工程画面,浏览的效果与在力控运行系统 View 中看到的工程画面完全相同,包含全部动态数据和动画。

特别是可以在 Web 页面(HTML 文件)插入该控件,然后通过 IE 浏览器对力控工程画面进行远程访问。

属性:

ServerAddress:服务器 IP 地址。

ViewName:初始启动画面名称。

方法:

Display( ):显示一个画面窗口。

**3**. FCTempCon **控件**

利用力控的 FCTempCon 控件,可以方便地对设备的温度等变化过程进行控制。FCTempCon 是一种窗口型控件。可以直接在力控的 Draw 画面中或其他容器中显示设定曲线、实时曲线,同时它提供的各种方法和属性也便于用户在开发应用程序(如 VC、VB)时引用,以实现用户应用程序对力控进行数据访问。

在安装力控时,安装程序自动完成 FCTempCon 的安装与注册。在应用程序中使用时,必须同时启动数据库 DB。

功能:

① 如果选择自动设置功能,FCTempCon 可以在运行时自动按照设定曲线设置参数值。这个功能也可以在脚本语言中实现。

② 如果选择自动采集功能,FCTempCon 可以在运行时自动采集这个参数值,并绘制这个参数值的曲线。这个功能也可以在脚本语言中实现。

③ FCTempCon 可以在属性对话框的表格中编辑设定曲线。如果编辑设定了曲线表格,则可以在运行时自动装入设定曲线。

配置:

若访问本地数据库,需要启动本地数据库 DB,并保证 FCTempCon.ocx 已注册成功;当访问远程数据库时,远程主机需要启动 DB 和 NetServer。

# 8.2　Windows 控 件

## 8.2.1　文本编辑框

文本编辑框能够显示多行文本,用于信息提示。

相关函数为:ExtLoad (FileName )

说明:此函数将指定的文本文件调入到文本编辑框中加以显示。

参数:FileName 为文本文件名称,类型为字符串。

示例: # text1.TextLoad ("C: \ abc \ a.txt");

//向编辑框装载 a.txt 文本文件并显示。

**注意**:相关函数是与 Windows 控件相关的一组函数,在动作脚本程序中调用时要指明 Windows 控件的对象名称,具体格式为:"对象名称.相关函数(参数)"。

### 8.2.2　下拉框

下拉框由一文本框与一列表框组合而成。列表框中可以显示多行文本,可以选择某一行作为当前下拉框的当前文本,文本框中显示的就是当前文本。

可以使用与下拉框相关的函数向列表框中增加、删除文本。设置、读取与某一行相关的数据,取得当前显示文本,设置当前行。

**1.使用下拉框的一般步骤**

① 建立下拉框,在下拉框属性定义框中指定下拉框的内容。

② 为下拉框命名。

③ 在窗口进入动作中使用下拉框相关的函数,向下拉框中增加文本,设置与每行文本相关的数据,设置缺省选项。

④ 读取当前显示文本或选中文本相关的数据。将取得的值用于其他操作。

选择 Draw 菜单"工具/Windows 控件/下拉框",在当前窗口中插入一下拉框,双击出现属性框后可以填写下拉框初始数据,如图 8.5 所示。在对话框中指定了列表框初始数据中有 3 行,第 1 行(索引号为 0)的文本串为"First Item",第 2 行(索引号为 1)的文本串为"Second Item",第 3 行(索引号为 2)的文本串为"Third Item"。

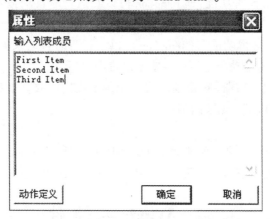

图 8.5　"Windows 控件/下拉框/属性"对话框

单击图 8.5 中的"动作定义"按钮将出现动作脚本编辑器,如图 8.6 所示。

可以在图 8.6 中对脚本编辑器定义对象创建时动作,内容/选项改变时动作(即当前列表选项变化)动作脚本见图 8.7 所示。

一般地,在对象创建时动作中增加列表项,设置列表成员数据,设定缺省选项;而在数据改变动作中根据用户的选择做相应的动作。例如,在图 8.7 所示对话框中将当前选择赋给变量 data。

**2.相关函数**

(1) ListAddItem(Text)

说明:添加一行文本。

参数:Text 为字符串(要添加的文本串)。

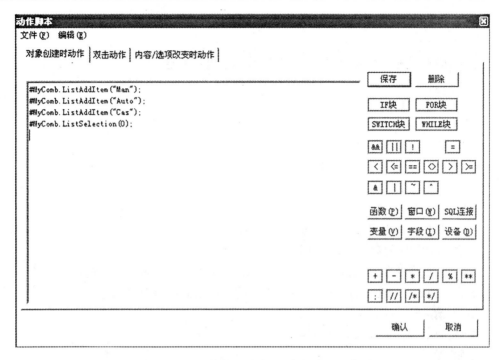

图 8.6 "Windows 控件/下拉框/对象创建时动作"脚本

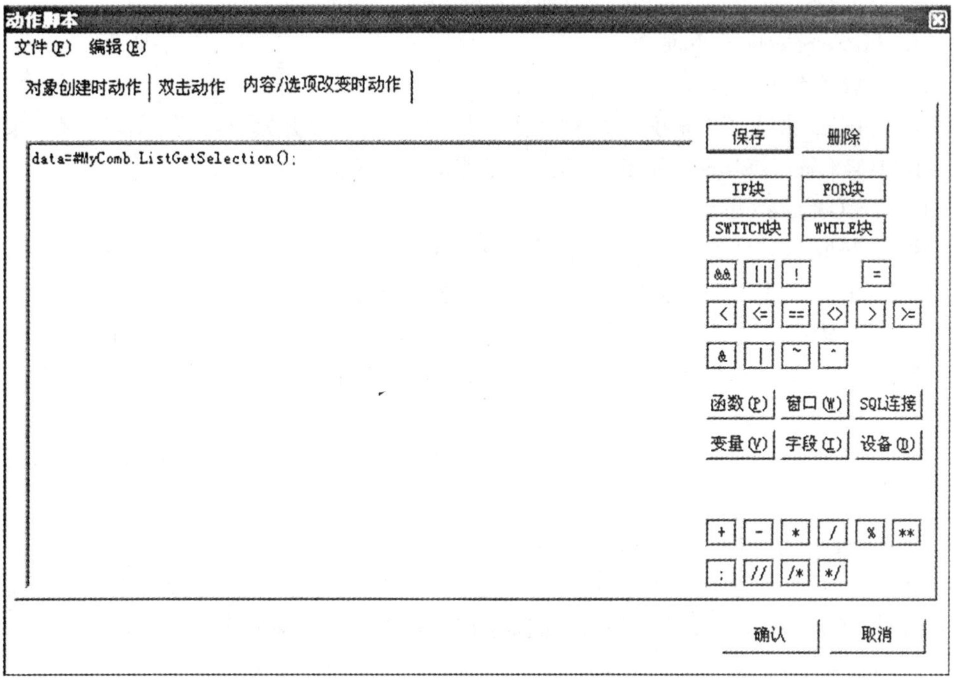

图 8.7 "Windows 控件/下拉框/(内容/选项改变时动作)"脚本

示例：# Comb1.ListAddItem（"abc"）;

（2）ListClear（）

说明：删除列表框中所有项。删除后列表框中内容为空。

参数：无。

示例：# Comb1.ListClear（）;

（3）ListDeleteItem（Index）

说明：删除列表框中指定的成员项。

参数：Index 为整型，成员项索引号从 0 开始。

示例：# Comb1.ListDeleteItem（0）;

（4）ListFindItem（Text）

说明：查找与文本串 Text 相匹配的索引项。

参数：Text 为字符串（要查找的文本串）。

返回值：找到的项目的索引号，类型为整型。索引号从 0 开始，−1 表示未找到。

示例：nFind = # Comb1.ListFindItem（"abc"）;//nFind 为整型变量。

（5）ListGetSelection（）

说明：获取当前选择项的索引号。

参数：无。

返回值：当前选择项的索引号，类型为整型。索引号从 0 开始，−1 表示无选择项。

示例：nSelection = # Comb1.ListGetSelection（）;//nSelection 为整型变量。

（6）ListSetSelection（Index）

说明：设置当前选择项。

参数：Index 为选择项索引号，类型为整型。索引号从 0 开始，−1 表示消除选择项。

示例：# Comb1.ListSetSelection（0）;//当前选择项将为 0。

（7）ListGetItem（Index）

说明：获取索引号为 Index 的项目字符串信息。

参数：Index 为整型，要获取的项目索引号，索引号从 0 开始。

返回值：索引号为 Index 的项目字符串信息，类型为字符串。索引号从 0 开始。

示例：Text = # Comb1.ListGetItem（0）;// Text 为字符串变量。

（8）ListGetItemData（Index）

说明：获取索引号为 Index 的成员项相关联的数据值，该数据值由 ListSetItemData 函数设置。

参数：Index 为整型，要获取的成员项索引号，索引号从 0 开始。

返回值：索引号为 Index 的成员项的数据值，类型为整型。索引号从 0 开始。

示例：nData = # Comb1.ListGetItemData（0）;// nData 为整型变量。

（9）ListSetItemData（Index, Data）

说明：设置索引号为 Index 的成员项相关联的数据值，该数据值可由 ListGetItemData 函数获取。

参数：Index 为要设置的成员项索引号，类型为整型。索引号从 0 开始。

Data 为要设置的数据值,类型为整型。索引号从 0 开始。

示例: # Comb1.ListSetItemData (0, 1);//将第一项的值设置为 1。

(10) ListSave(FileName)

说明:将列表框中的内容存盘。存储的内容包括列表框中的文本串及数值。存储格式为文本格式(制表符分隔 < Tab > ),即文件中的一行对应列表框中的一行,每行两列,分别为列表框的文本和数据。记录格式为:文本 < Tab > 数据

First Item 1

Second Item 2

Third Item 3

…

参数:FileName 为字符串,要保存的文件名称,缺省文件路径为应用目录下的 UserData 子目录。

示例: # Comb1.ListSave ("FileName1"); //Comb1 为下拉框对象名称。

(11) ListLoad(FileName)

说明:从指定的文件中装载列表框。该文件可能是上次用 ListSave 保存的文件。文件格式参见 ListSave。

参数:FileName 为字符串,要装载的文件名称,缺省文件路径为应用目录下的 UserData 子目录。

示例: # Comb1.ListLoad ("FileName1"); //Comb1 为下拉框对象名称。

### 8.2.3　起始时间

**1.添加起始时间控件方法**

选择 Draw 菜单命令"工具/Windows 控件/起始时间",在当前窗口中插入"开始时间"控件,该控件用于指定起始时刻,右击该控件,单击右键菜单中的"编辑",控件进入可编辑状态,这时可以改变时间初值。

**2.相关函数**

(1) TimeGet( )

说明:取得控件时间。

参数:无。

返回值:类型为整型,开始时刻以自 1970 年 1 月 1 日零时逝去的秒数来计算。该值可以通过函数 StrTime 转成字符串形式的时间。

示例:n = # Time1.TimeGet( );

(2) TimeSet(StartTime)

说明:设置控件时间。

参数:类型为整型,开始时刻以自 1970 年 1 月 1 日 零时逝去的秒数来计算。该值可以通过函数 LongTime 转成字符串形式的时间,也可以通过相对于系统变量当前时间 $ CurTime 来计算。

示例：# Time1.TimeSet(LongTime("2002/1/18 8:50:00"));

        # Time1.TimeSet($ CurTime - 3 600);

### 8.2.4   时间范围

**1.添加时间范围控件方法**

选择 Draw 菜单命令"工具/Windows 控件/时间范围"，在当前窗口中将出现"时间范围"控件，该控件用于指定时间范围，它的单位为秒。右击该控件，单击右键菜单中的"编辑"，控件进入可编辑状态。这时可以改变时间初值。

**2.相关函数**

（1）TimeGet( )

说明：取得控件时间。

参数：无。

返回值：类型为整型，时间长度，以秒为单位。

示例：n = # Time1.TimeGet( );

（2）TimeSet(StartTime)

说明：设置控件时间。

参数：类型为整型，时间长度初值，以秒为单位。

示例：# Time1.TimeSet(60);

### 8.2.5   播放 AVI

该控件用于播放标准的视频 AVI 文件。

选择 Draw 菜单命令"工具/Windows 控件/播放 AVI"，在当前窗口中插入一"播放 AVI"控件，双击该控件提示您指定要播放的 AVI 文件，如图 8.8 所示。

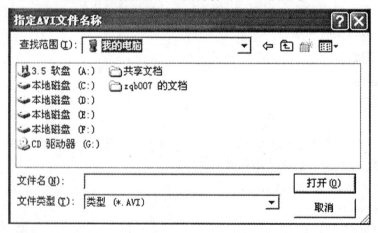

图 8.8   "Windows 控件/播放 AVI"对话框

# 8.3 控件应用示例

在这一节里,我们仍然用第 1 章的仿真工程示例"存储罐液位监控系统"介绍在历史报表中,使用 Windows 的起始时间控件和力控提供的系统变量的方法。

**例 8.1** Windows 的起始时间控件和力控提供的系统变量使用示例。

具体步骤如下:

① 首先创建一个窗口,然后在工具箱中选择历史报表按钮,在窗口中点击并拖拽到合适大小后释放鼠标,结果如图 8.9 所示。双击历史报表对象,弹出"历史报表组态"对话框,在"历史报表组态/变量"对话框的点名输入框中输入变量"LEVEL.PV",单击"确定"按钮返回 Draw。

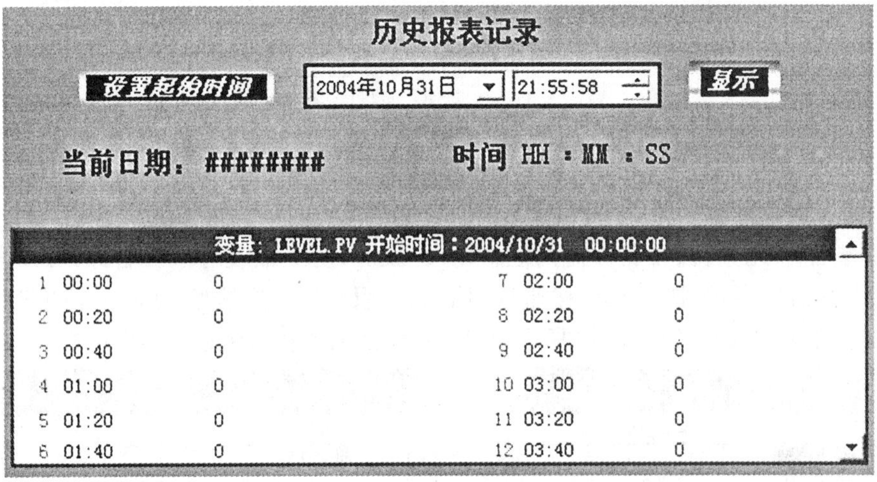

图 8.9 "历史报表"组态画面

② 选择 Draw 菜单命令"工具/Windows 控件/起始时间",在当前窗口中插入"开始时间"控件,右击该控件,单击右键菜单中的"编辑",控件进入可编辑状态,这时可以改变时间初值,结果如图 8.9 所示。

③ 在上面创建的画面上,再创建几个文本对象,如图 8.9 所示。

（ⅰ）双击文本对象"＃＃＃＃＃＃＃＃",在出现的"动画连接/对象类型"文本对话框中,选择"数值输出/字符串"按钮,出现"字符输出"对话框,在表达式输入框中输入系统变量"＄Date",如图 8.10 所示。其中"＄Date"是力控提供的系统变量,能提供当前系统日期,日期的格式为:yyyy/mm/dd,yyyy 表示年、mm 表示月、dd 表示日。

（ⅱ）双击文本对象"HH",在出现的"动画连接/对象类型"文本对话框中,选择"数值输出/模拟"按钮,出现"模拟值输出"对话框,在表达式输入框中输入系统变量"＄Hour",如图 8.11 所示。其中,"＄Date"能提供当前系统时间的小时。文本对象"MM"、"SS"的动画连接同文本对象"HH",只是在各自的表达式输入框中输入的系统变量分别为"＄Minute"和"＄Second"。其中,"＄Minute"和"＄Second"都是力控提供的系统变量,"＄Minute"能提供当前系统时间的分钟,"＄Second"能提供当前系统时间的秒。

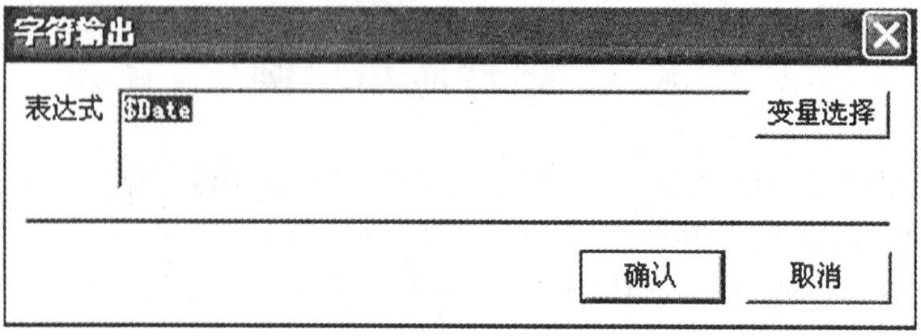

字符输出
表达式
$Date
变量选择
确认
取消

图 8.10 “字符输出”对话框

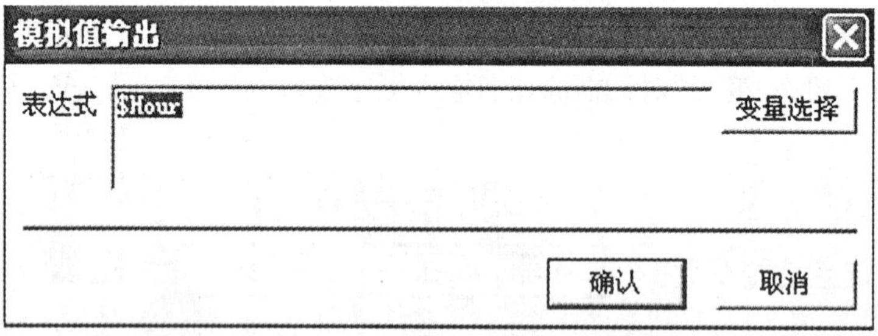

模拟值输出
表达式
$Hour
变量选择
确认
取消

图 8.11 “模拟值输出”对话框

④ 定义对象。右击历史报表对象，出现右键菜单，选择其中的“对象命名(N)”命令，弹出“对象名称”对话框，在名称输入框中输入“lsbb”(历史报表对象的名称，可以为任意名称)，如图 8.12 所示，按“确定”按钮返回 Draw。用同样的方法给“Windows 的起始时间控件”对象命名为“tm”，如图 8.13 所示。定义对象是为了在命令型脚本中引用。

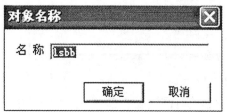

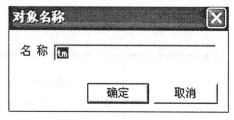

对象名称
名 称
lsbb
确定
取消

图 8.12 “历史报表对象命名”对话框

对象名称
名 称
tm
确定
取消

图 8.13 “起始时间控件命名”对话框

⑤ 创建窗口动作脚本。在 Draw 导航器中双击“窗口”项使其展开，选择“历史报表”项，在展开项目中选择“动作”并双击，弹出“动作脚本”编辑器，在“进入窗口”脚本编辑器里输入：

```
#tm.TimeSet($curtime);//设置控件时间，$curtime 为力控提供的系统变量
time = #tm.TimeGet();//取得控件时间
#lsbb.AlmlogTimeSet(time);//历史报表开始时间设置，开始时间通过时间控件得到。
```

在“窗口运行时周期执行” 脚本编辑器里输入：

```
time = #tm.TimeGet();//取得控件时间
```

⑥ 双击“显示”文本对象，在出现的“动画连接”对话框中，单击“左键动作”按钮，在“动作脚本”编辑器的“按下鼠标”内输入：

```
#lsbb.AlmLogTimeSet(Time);// 通过时间控件得到历史报表开始时间
```

⑦ 保存组态内容,进入运行。在运行画面中,单击"显示"按钮,历史报表中就会出现从设定时间开始的历史数据,运行画面见图 8.14。

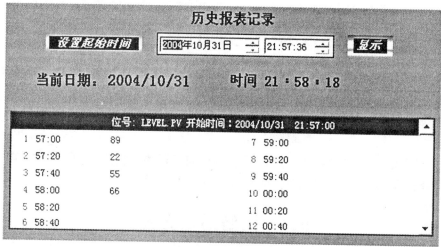

图 8.14 "历史报表"运行画面

## 习 题

8.1 说明下列基本概念:

    ① 控件          ② OLE 控件

8.2 简述力控的 3 个 OLE 控件 DbCom、DrawCom、FCTempCon 的主要用途。

8.3 若要在力控画面中置入一个 OLE 控件,应该如何操作?

8.4 如何在力控中添加、删除一个 OLE 控件?

8.5 结合例 8.1 说明力控提供的系统变量 \$ Date、\$ Hour、\$ Minute、\$ Second 的一般使用方法。

# 第9章 分布式应用

力控的网络结构是一种分布式结构。用户的应用程序可以分散到网络上的多个服务器,每个服务器分别处理各个监控对象的数据采集、历史数据保存、报警处理等。运行在其他工作站上的客户端应用程序,可以通过网络对这些服务器的数据进行统一监控及管理。

用户可以通过 IE 浏览器从 Internet 上直接访问工厂的流程图,查看工厂的实时生产情况,如查看流程图界面、分析实时/历史趋势、浏览生产报表等。

## 9.1 网络通信方式

力控支持多种方式的网络通信,包括 TCP/IP 网络通信、串口(RS232/422/485)通信和MODEM 拨号通信等。

### 9.1.1 TCP/IP

TCP/IP 网络协议提供了在不同硬件体系结构和操作系统的计算机网络上进行通信的能力。一台 PC 机通过 TCP/IP 网络可以和多个远程计算机进行通信,如图 9.1 所示。

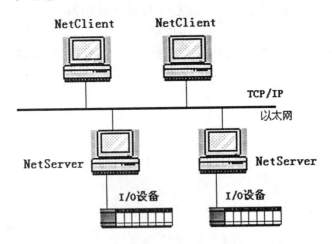

图 9.1 采用 TCP/IP 网络协议通信示意图

在一个支持 TCP/IP 协议的网络中(不论是局域网还是广域网,Internet 还是 Intranet),任意两个运行力控的网络结点之间均可以进行数据通信,工作模式为"客户/服务器"。力控提供的网络服务程序 NetClient 和 NetServer,分别运行于客户端和服务器端,完成网络通信功能。

**注意**:当要实现力控的 TCP/IP 网络通信功能时,必须具备以下条件:

① 操作系统要选择网络版 Windows 98/2000/NT。在配置网络时要绑定 TCP/IP 协议，即利用力控网络功能的 PC 机必须首先是某个局域网上的结点，并保证 TCP/IP 网络的通信是正常的。

② 客户机和服务器必须安装并同时运行力控软件(Web 应用方式的客户端除外)。

### 9.1.2 串口

图 9.2 是串口通信示意图。网络中的每台 PC 机均安装了力控软件，力控软件提供的 SCONMClient 和 SCONMServer，分别完成客户端和服务器端的串口通信功能。

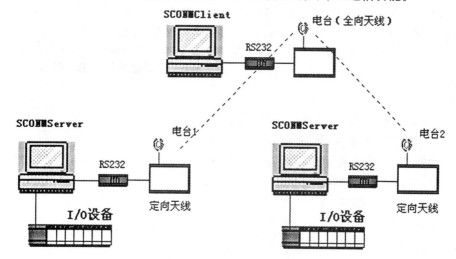

图 9.2 采用串口通信示意图

### 9.1.3 MODEM 拨号

图 9.3 是 MODEM 拨号通信示意图。网络中的每台 PC 机均安装了力控软件和 MODEM，力控软件提供的 TelClient 和 TelServer，分别完成客户端和服务器端的 MODEM 通信功能。

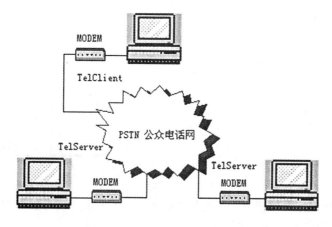

图 9.3 MODEM 拨号通信示意图

### 9.1.4　Web

力控的 Web 功能能够使网络中作为客户的 PC 机无须安装力控软件,而通过浏览器直接浏览力控的工程画面。在 Web 服务器端要安装力控软件,通过力控的 Web Server 来实现 HTTP 发布功能。

## 9.2　远程数据源

力控的界面运行系统 View 与实时数据库系统 DB 均可以分离运行。对于 View,当它访问本机上的数据库时,本机数据库被视作本地数据源;当它访问远程结点上的数据库时,远程计算机的数据库被视作远程数据源。

若要定义远程数据源,选择 Draw 菜单命令"特殊功能(S)/数据源"或在导航器中打开"数据源/本地数据库"项,出现"数据源定义"列表框,如图 9.4 所示。

列表框中的数据源"本地数据库(DB)"是系统缺省定义的数据源,它指向本机上的数据库。如果要配置远程数据源,单击"添加"按钮,出现"数据源定义"对话框,如图 9.5 所示。

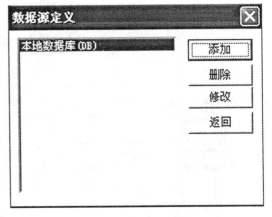

图 9.4　"数据源定义"列表框

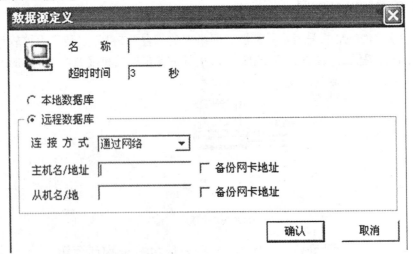

图 9.5　"数据源定义"对话框

选择"远程数据库"、连接方式可选择通过网络(TCP/IP)、填写数据源的名称、主机及从机的 IP 地址,然后单击"确认"按钮。

# 9.3　网络数据库连接

数据库是通过数据连接与外部(如 I/O 设备)进行通信的。如果数据库要与其他力控数据库进行数据通信,也要通过数据连接进行,这种连接被称为网络数据库连接。具体的形式是通过数据库中的点参数的数据连接进行,如 9.6 图所示的是在数据库组态程序 DbManager 进行的网络数据库连接。

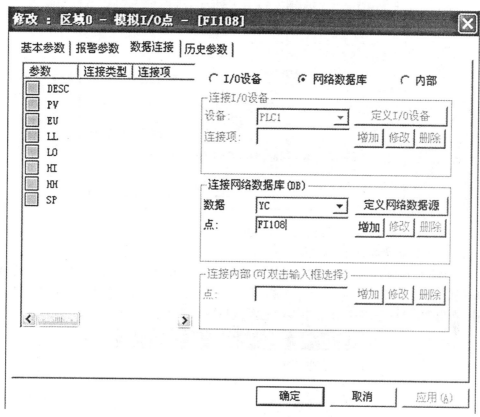

图 9.6　"网络数据库连接"对话框

# 9.4　Web 应 用

力控提供的 Web 功能,可以使用户从 IE 浏览器上远程访问力控的工程画面,浏览的效果与在力控运行系统 View 中看到的工程画面完全相同,包含全部动态数据和动画。而在客户端并不需要安装任何与力控有关的软件(仅仅使用浏览器即可)。

在 Web 服务器上需要安装力控软件,同时 Web 服务器保存力控发布的 HTML 文件及传送文件所需数据,并为用户提供浏览服务的站点。使用力控提供的 Web 功能,可以灵活地构建 Intranet/Internet 应用。

### 9.4.1　配置 Web 服务器

选择 Draw 菜单命令"文件/ Web 服务器配置",出现"Web 服务器配置"对话框,如图 9.7 所示。

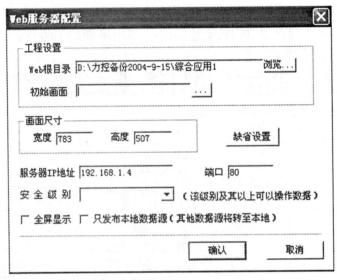

图 9.7　"Web 服务器配置"对话框

"Web 服务器配置"对话框说明如下:

① Web 根目录:保存力控发布的 HTML 文件以提供访问的目录(如果使用的 Web Server 程序不是力控提供的,必须手工指定 Web 根目录)。也可以单击右侧的"浏览..." 按钮,在出现的目录选择对话框中进行选择,如图 9.8 所示。

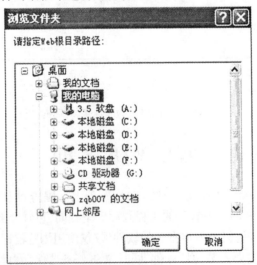

图 9.8　目录选择对话框

② 初始画面:Web 主页初始显示画面,由该画面能进入其他画面,由其他画面能返回

该画面。

③ 画面尺寸:浏览器中显示的组态画面的宽度与高度,以像素为单位。

④ 服务器 IP 地址:运行 Web Server 程序的计算机的 IP 地址。配置完该项后,力控将生成缺省 Web 主页。

⑤ 端口:缺省为 80,可以修改。

⑥ 缺省设置:点击缺省设置按钮将各输入项设置成缺省值。

⑦ 发布画面:若要发布画面,在 Draw 中打开要发布的画面窗口,然后选择菜单命令"文件/ 发布到 Web"。

### 9.4.2 设置 IE 浏览器

为了保证在 IE 浏览器中正确显示力控的工程画面,需要对 IE 浏览器的部分参数进行设置。选择 IE 浏览器菜单命令"安全/自定义级别",出现 IE 浏览器"安全设置"对话框,如图 9.9 所示。

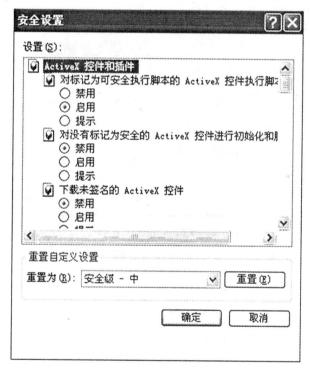

图 9.9 IE 浏览器"安全设置"对话框

在该对话框中,对有关 ActiveX 的内容进行设置,选项选择"启用"。

### 9.4.3 自定义 Web 主页

力控提供了一个名为 DrawCom 的 ActiveX 控件。用户可以在自定义的 Web 页面(HTML 文件)上插入该控件,然后通过 IE 浏览器访问该 Web 页面以浏览力控工程画面。

### 9.4.4　启动力控 Web 服务器

为了在远程浏览器上能够访问力控 Web 服务器,必须运行一个 Web Server 程序。

Web Server 程序可以是力控提供的 Web Server,也可以是其他厂家提供的支持 HTTP 协议的 Web 服务程序。如果数据库与 Web 服务器在同一台计算机上,还要启动数据库 DB 及网络服务器程序。

若要自动启动力控的 Web Server 和网络服务器程序,在 Draw 导航器上双击"实时数据库/数据库组态"以启动数据库组态程序 DbManager,然后选择 DbManager 菜单命令"工程/数据库参数",在出现的"数据库系统参数"对话框中选择"Web Server"和"网络服务器",如图 9.10 所示。

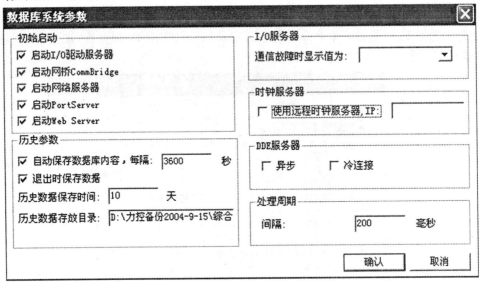

图 9.10　"数据库系统参数"对话框

如果使用其他厂家提供的 Web 服务程序,必须在"Web 服务器配置"中正确指定 Web 根目录。

## 习　　题

9.1　力控支持多种方式的网络通信,主要包括哪几种?

9.2　当要实现力控的 TCP/IP 网络通信功能时,必须具备哪些条件?

9.3　简述定义远程数据源的方法。

9.4　什么是网络数据库连接?

9.5　力控提供的 Web 功能,可以使用户从 IE 浏览器上远程访问力控的工程画面,浏览的效果与在力控运行系统 View 中看到的工程画面完全相同,包含全部动态数据和动画。在客户端需要安装与力控有关的软件吗? 在 Web 服务器上需要安装力控软件吗?

9.6　为了保证在 IE 浏览器中正确显示力控的工程画面,需要对 IE 浏览器的部分参数进行设置,对有关 ActiveX 的内容进行设置,选项选择"启用"还是"禁用"?

9.7　若要自动启动力控的 Web Server 和网络服务器程序,应该如何设置?

# 第 10 章  外 部 通 信

在很多情况下,为了解决异构环境下不同系统之间的通信,用户需要力控与其他第三方厂商提供的应用程序之间进行数据交换。力控支持目前主流的数据通信、数据交换标准,包括 DDE、OPC、ODBC 等。

## 10.1  DDE

力控的实时数据库是数据处理的核心平台,它支持 DDE 标准,可以和其他支持 DDE 标准的应用程序(如 Excel)进行数据交换。

一方面,力控数据库可以作为 DDE 服务器,其他 DDE 客户程序可以从力控数据库中访问数据;另一方面,力控数据库也可以作为 DDE 客户程序,从其他 DDE 服务程序中访问数据。

### 10.1.1  力控数据库作为 DDE 服务器

下面以 Excel 为例,说明第三方 DDE 客户程序如何将力控数据库作为 DDE 服务器进行数据交换,具体步骤如下:

① 在力控数据库中创建一个模拟 I/O 点 TAG1。

② 启动力控数据库。

③ 用 Excel 程序打开一个工作簿,在工作单的第 1 和第 2 个单元格内分别输入以下内容:

"=DB|DB! TAG1.PV"和"=DB|DB! TAG1.DESC"

其中,"DB"是力控数据库作为 DDE 服务器(Service)时的名称,同时"DB"(即"|DB!"部分中的"DB")也是话题(Topic)名称。"TAG1.PV"和"TAG1.DESC"是数据库中的点参数名,也就是 DDE 项目(Item)名称。

DDE 名称的约定:通常的 DDE 协议使用一个 3 段的命名约定来标识一个数据单元,这个 3 段名称包括应用程序名、主题名和项名,也称为服务(Service)、话题(Topic)和连接项(Item)。

### 10.1.2  力控数据库作为 DDE 客户程序

当力控数据库作为客户端访问 DDE 服务程序时,是将 DDE 服务器程序当作一个 I/O 设备。数据库中的点参数通过 I/O 数据连接与 DDE 服务器程序进行数据交换。

下面以 Excel 为例,说明力控数据库如何将 Excel 作为 DDE 服务器进行数据交换,具体步骤如下:

① 首先在数据库中创建一个模拟 I/O 点 FI101(也可以是任意点名),FI101 的 PV 参数为实型,FI101 的 DESC 参数为字符型。FI101.PV 和 FI101.DESC 通过 DDE 方式分别连

接到 Excel 工作簿 Book.xls 的工作单的 R1C1 和 R1C2 单元,即 Excel 工作单第 1 行的左起第 1 和第 2 个单元格(CELL)。

② 在 Draw 导航器中展开项目"I/O 设备驱动",然后依次展开设备类型"DDE"、厂商"Microsoft",双击驱动程序名"DDE"或用鼠标右键单击后在右键菜单中选择"添加设备驱动",如图 10.1 所示。

这时出现"设备配置—第一步"对话框,如图 10.2 所示。

③ 在"设备名称"输入框中输入"ZQBH"(设备名称可以定义为任意名字),然后,单击"下一步"按钮,出现"设备配置—第二步"对话框,如图 10.3 所示。

④ 在"服务名称"输入框中输入"Excel"(不要键入程序名的扩展名部分".EXE"),在主题名称输入框中输入"Book1.xsl",单击"完成"按钮。现在可以使用新定义的 I/O 设备"ZQBH"来创建数据连接了。

⑤ 在 Draw 导航器中双击"数据库组态"以启动 DbManager 程序,然后在 DbManager 中双击 FI101 点,选择"数据连接"使其展开,选择"I/O 设备"下面的"ZQBH"项,如图 10.4 所示。

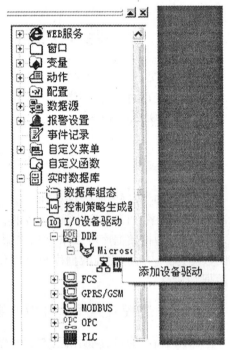

图 10.1　选择驱动程序"DDE"示意图

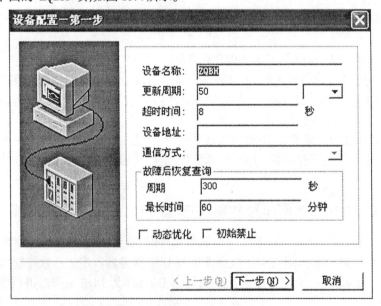

图 10.2　"设备配置—第一步"对话框

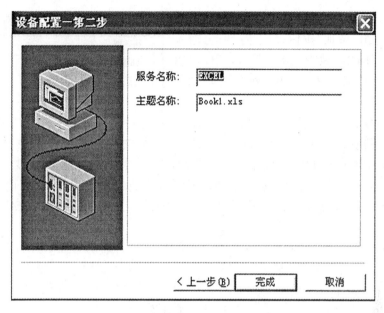

图 10.3 "设备配置—第二步"对话框

图 10.4 "数据连接"对话框

⑥ 在图 10.4"数据连接"对话框中,选择 "PV"参数,点击"增加"按钮,出现对话框,输入 DDE 的项名"R1C1",如图 10.5 所示。单击"确定"按钮,即在该点的 PV"连接项列表"中增加了一项数据连接。

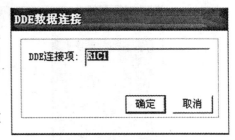

⑦ 用同样的方法为点 FI101 的 DESC 参数创建一个数据连接,连接的单元地址为"R1C2"。

图 10.5　"DDE 数据连接"对话框

在上面的例子中,FI101.PV 和 FI101.DESC 与 I/O 设备"ZQBH"之间建立了数据连接,它们将从名为 Book1.xls 的 Excel 电子表格中的 R1C1 和 R1C2 单元格接收数据。FI101.PV 可以接收实型数据,而 FI101.DESC 可以接收字符型数据。

注意:在实际运行时,要首先启动 Excel 程序(然后再启动力控),并打开 Excel 文件"Book1.xls"。

# 10.2　OPC

力控实时数据库支持 OPC 标准,作为 OPC 客户程序,它可以从其他 OPC 服务器程序中访问数据。

与 DDE 类似,当力控数据库作为客户端访问 OPC 服务器程序时,是将 OPC 服务器程序当作一个 I/O 设备。数据库中的点参数通过 I/O 数据连接与 OPC 服务器程序进行数据交换。

## 10.2.1　OPC 概述

随着计算机技术的发展,计算机在工业控制领域发挥着越来越重要的作用。各种仪表、PLC 等工业监控设备都提供了与计算机通信的协议,这使得计算机控制成为现实。但是,在计算机控制的发展过程中,不同的厂家提供不同的协议,即使同一厂家的不同设备之间与计算机通信的协议也不同。在计算机上,不同的语言对驱动程序的接口有着不同的要求。这样又产生了新的问题:应用软件需要为不同的设备编写大量的驱动程序,而计算机硬件厂家要为不同的应用软件编写不同的驱动程序。这种程序可重复程度低,不符合软件工程的发展趋势。在这种背景下,产生了 OPC 技术。

OPC 是 OLE for Process Control 的缩写,即把 OLE 应用于工业控制领域。

OLE 原意是对象连接和嵌入,随着 OLE 2 的发行,其范围已远远超出了这个概念。现在的 OLE 包含了许多新的特征,如统一数据传输、结构化存储和自动化,已经成为独立于计算机语言、操作系统甚至硬件平台的一种规范,是面向对象程序设计概念的进一步推广。OPC 建立于 OLE 规范之上,它为工业控制领域提供了一种标准的数据访问机制。OPC 规范包括 OPC 服务器和 OPC 客户两个部分,其实质是在硬件厂商和软件开发商之间建立了一套完整的"规则",只要遵循这套规则,数据交互对两者来说都是透明的,硬件厂商无需考虑应用程序的多种需求和传输协议,软件开发商也无需了解硬件的实质和操作过程。

**1. OPC 特点**

OPC 是为了解决应用软件与各种设备驱动程序的通信而产生的一项工业技术规范和标准。它采用客户/服务器体系,基于 Microsoft 的 OLE/COM 技术,为硬件厂商和应用软件开发者提供了一套标准的接口。

综合来说,OPC 有以下几个特点:

① 计算机硬件厂商只需要编写一套驱动程序就可以满足不同用户的需要。硬件厂商只需提供一套符合 OPC Server 规范的程序组,无需考虑工程人员需求。

② 应用程序开发者只需编写一个接口便可以连接不同的设备。软件开发商无需重写大量的设备驱动程序。

③ 工程人员在设备选型上有了更多的选择。对于最终用户而言,选择面更宽一些,可以根据实际情况的不同,选择切合实际的设备。

④ OPC 扩展了设备的概念,只要符合 OPC 服务器的规范,OPC 客户都可与之进行数据交互,而无需了解设备究竟是 PLC 还是仪表。甚至,如果在数据库系统上建立了 OPC 规范,OPC 客户便可与之方便地实现数据交互,力控能够对提供 OPC Server 的设备进行全面支持。

**2. OPC 的适用范围**

OPC 设计者们的最终目标是在工业领域建立一套数据传输规范,并为之制定了一系列的发展计划。现有的 OPC 规范涉及如下领域:

① 在线数据监测。实现了应用程序和工业控制设备之间高效、灵活的数据读写。

② 报警和事件处理。提供了 OPC 服务器发生异常时,以及 OPC 服务器设定事件到来时,向 OPC 客户发送通知的一种机制。

③ 历史数据访问。实现了读取、操作、编辑历史数据库等功能。

④ 远程数据访问。借助 Microsoft 的 DCOM 技术,OPC 实现了高性能的远程数据访问能力等。

⑤ OPC 近期将实现的功能还包括安全性、批处理、历史报警事件数据访问能力等。

**3. 力控的 OPC 设备**

力控充分利用了 OPC 服务器的强大性能,为工程人员提供了方便高效的数据访问能力。在力控中可以同时挂接任意多个 OPC 服务器,每个 OPC 服务器都被作为一个外部设备,工程人员可以定义、增加或删除它,如同一个 PLC 或仪表设备一样。

一般来说,工程人员在 OPC 服务器中定义通信的物理参数和需要采集的下位机变量(数据项),然后在力控中定义力控变量和下位机变量的对应关系。在运行系统中,力控和每个 OPC 服务器建立连接,自动完成和 OPC 服务器之间的数据交换。

## 10.2.2　OPC 基本概念

OPC 服务器由 3 类对象组成,相当于 3 种层次上的接口:服务器(Server)、组(Group)和数据项(Item)。

**1.服务器对象**(Server)

拥有服务器的所有信息,同时也是组对象(Group)的容器,一个服务器对应一个 OPC-Server,即一种设备的驱动程序。在一个服务器中,可以有若干个组。

**2.组对象**(Group)

拥有本组的所有信息,同时包容逻辑组织 OPC 数据项(Item)。

OPC 组对象(Group)提供了客户组织数据的一种方法,组是应用程序组织数据的一个单位。客户可对之进行读写,还可设置客户端的数据更新速率。当服务器缓冲区内数据发生改变时,OPC 将向客户发出通知,客户得到通知后再进行必要的处理,而无需浪费大量的时间进行查询。OPC 定义了两种组对象:公共组(或称全局组,Public)和局部组(或称局域组、私有组,Local)。公共组由多个客户共有,局部组只隶属于一个 OPC 客户。公共组对所有连接在服务器上的应用程序都有效,而局域组只能对建立它的 Client 有效。一般来说,客户和服务器的一对连接只需要定义一个组对象。在一个组中,可以有若干个项。

**3.项**(Item)

是读写数据的最小逻辑单位,一个项与一个具体的位号相连。项不能独立于组存在,必须隶属于某一个组,组与项的关系如图 10.6 所示。

在每个组对象中,客户可以加入多个 OPC 数据项(Item)。

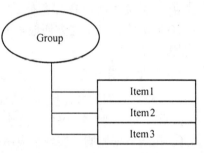

图 10.6　组与项的关系

OPC 数据项是服务器端定义的对象,通常指向设备的一个寄存器单元。OPC 客户对设备寄存器的操作都是通过其数据项来完成的,通过定义数据项,OPC 规范尽可能地隐藏了设备的特殊信息,也使 OPC 服务器的通用性大大增强。OPC 数据项并不提供对外接口,客户不能直接对之进行操作,所有操作都是通过组对象进行的。

应用程序作为 OPC 接口中的 Client 方,硬件驱动程序作为 OPC 接口中的 Server 方。每一个 OPC Client 应用程序都可以接若干个

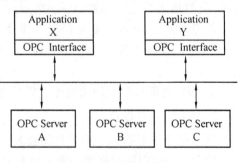

图 10.7　OPC 的访问关系

OPC Server,每一个硬件驱动程序可以为若干个应用程序提供数据,其结构如图 10.7 所示。

客户操作数据项的一般步骤如下:

① 通过服务器对象接口枚举服务器端定义的所有数据项,如果客户对服务器所定义的数据项非常熟悉,此步可以忽略。

② 将要操作的数据项加入客户定义的组对象中。

③ 通过组对象对数据项进行读写等操作。

每个数据项的数据结构包括 3 个成员变量:数据值、数据质量戳和时间戳。数据值是

以 VARIANT 形式表示的。应当注意,数据项表示同数据源的连接而不等同于数据源,无论客户是否定义数据项,数据源都是客观存在的。可以把数据项看做数据源的地址,即数据源的引用,而不应看做数据源本身。

### 10.2.3　OPC 体系结构

OPC 规范提供了两套接口方案:COM 接口和自动化。COM 接口效率高,通过该接口,客户能够发挥 OPC 服务器的最佳性能,采用 C＋＋语言的客户一般采用 COM 接口方案;自动化接口使解释性语言和宏语言访问 OPC 服务器成为可能,采用 VB 语言的客户一般采用自动化接口。自动化接口使解释性语言和宏语言编写客户应用程序变得简单,然而自动化客户运行时需进行类型检查,这一点则大大影响了程序的运行速度。

OPC 服务器必须实现 COM 接口,是否实现自动化接口则取决于供应商的主观意愿。

**1.服务器缓冲区数据和设备数据**

OPC 服务器本身就是一个可执行程序,该程序以设定的速率不断地同物理设备进行数据交互。服务器内有一个数据缓冲区,其中存有最新的数据值、数据质量戳和时间戳。时间戳表明服务器最近一次从设备读取数据的时间。服务器对设备寄存器的读取是不断进行的,时间戳也在不断更新。即使数据值和质量戳都没有发生变化,时间戳也会进行更新。

客户既可从服务器缓冲区读取数据,也可直接从设备读取数据,从设备直接读取数据速度会慢一些,一般只有在故障诊断或极特殊的情况下才会采用。

**2.同步和异步**

OPC 客户和 OPC 服务器进行数据交互可以有两种不同方式:同步方式和异步方式。同步方式实现较为简单,当客户数目较少而且同服务器交互的数据量也较少的时候可以采用这种方式;异步方式实现较为复杂,需要在客户程序中实现服务器回调函数。然而当有大量客户和大量数据交互时,异步方式能提供高效的性能,尽量避免阻塞客户数据请求,并最大可能地节省 CPU 和网络资源。

### 10.2.4　使用 OPC 设备

**1.定义 OPC 设备**

在力控导航器窗口中选择"I/O 设备驱动"项中的"OPC"设备并展开,如图 10.8 所示。双击"OPC(Client)",出现对话框,如图 10.9 所示。

在"设备名称"中输入逻辑设备的名称(可以随意定义),在"更新周期"中指定采集周期,然后单击按钮"下一步",出现"OPC 服务器设备定义"对话框,如图 10.10 所示。

力控自动搜索工程人员的计算机系统中已安装的所有 OPC 服务器,当点击下拉框"OPC 服务器名称"时,下拉框中会列出已经安装的所有 OPC 服务器的名称,选择你要使用的 OPC 服务器,然后单击"确定"按钮完成 OPC 设备定义。

**2.对 OPC 数据项进行数据连接**

对 OPC 数据项进行数据连接与其他设备类似。

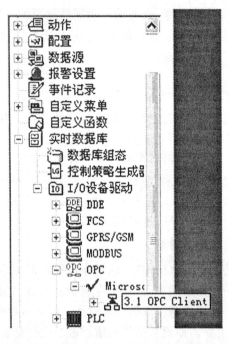

图 10.8　定义"OPC"设备示意图

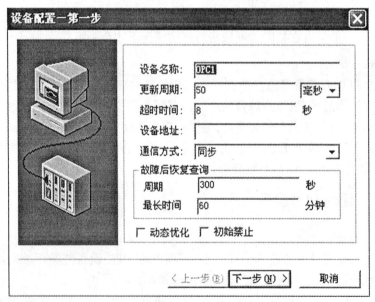

图 10.9　"设备配置—第一步"对话框

下面,以 Schneider 公司的一个仿真 OPC 服务器"OPC Factory Simulator Server"(服务器名:Schneider – Aut. OFSSimu)为例,说明对 OPC 数据项进行数据连接的过程。

① 首先在 PC 机上安装 OPC Factory Simulator Server 程序,然后按照上文所述的过程定义一个"OPC Factory Simulator Server"的 OPC 设备,不妨命名为"OPC1"。

② 在导航器中双击"实时数据库/数据库组态",然后选择"模拟 I/O 点",双击任一空

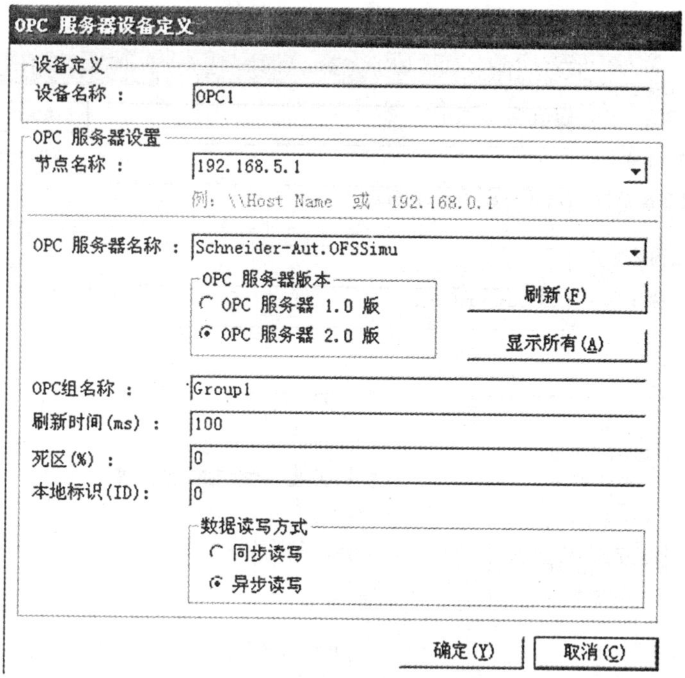

图 10.10　"OPC 服务器设备定义"对话框

的点参数单元格,选择其"数据连接"选项卡,出现如图 10.11 所示画面。在"连接 I/O 设备"的"设备"下拉框中选择设备 OPC1。

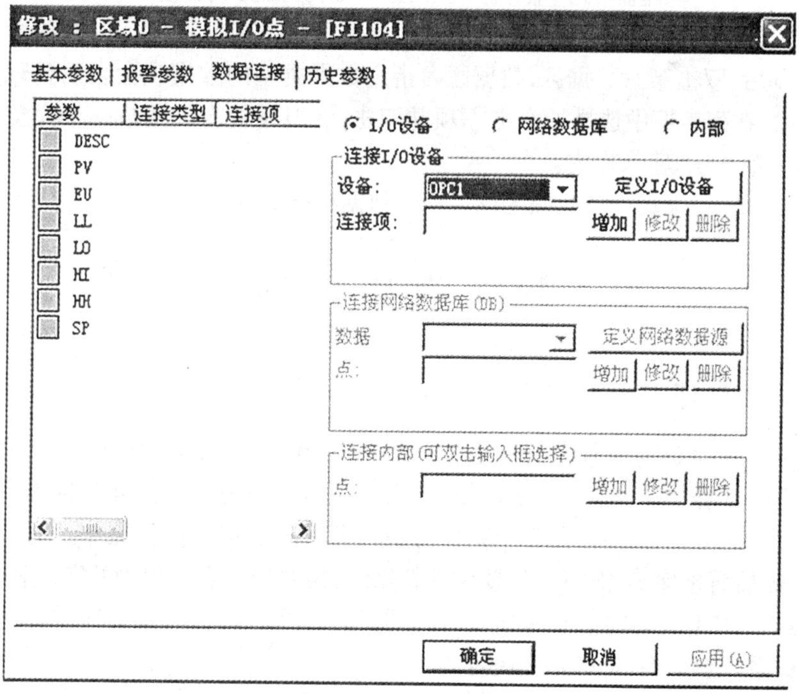

图 10.11　"数据连接"选项卡

③ 在"连接项"右侧单击"增加"按钮,出现如图 10.12 所示对话框。

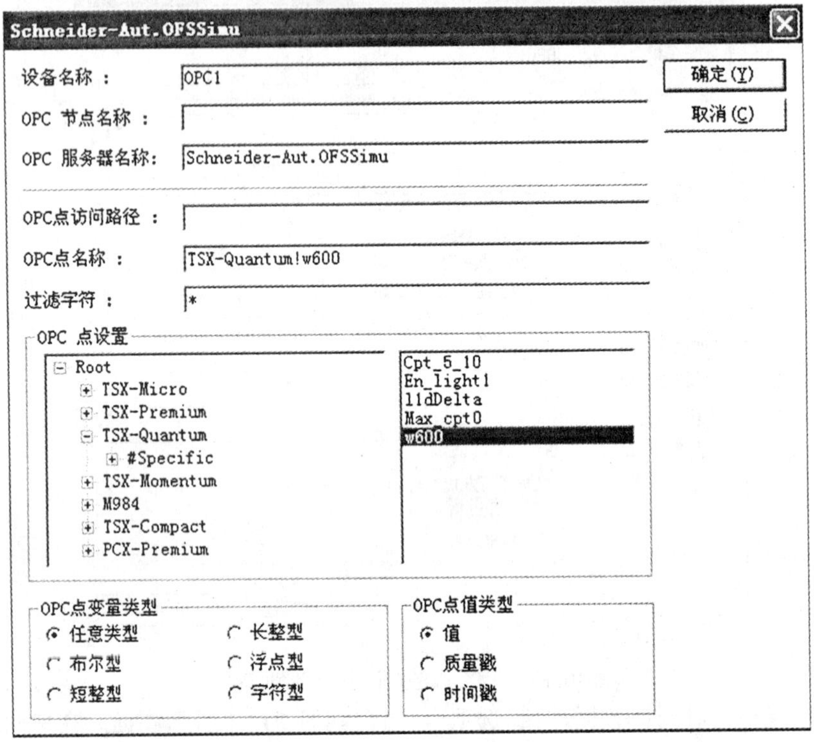

图 10.12 服务器"Schneider – Aut. OFSSimu"对话框

④ 在"OPC 点变量类型"中选择一种数据类型(可以选择"任意",以查看所有数据类型的数据项)后,双击某一数据区,数据区内指定数据类型的数据项会自动显现在右下侧的列表框中。在列表框中选择一个数据项并双击,此时系统自动生成一个完整的数据项描述并加在"数据项"输入框内。

⑤ 最后,单击"确定"按钮,便生成了一个数据项的数据连接。

# 10.3 SQL 访 问

## 10.3.1 概述

力控 SQL 访问功能是为了实现力控通过 ODBC 和其他管理型数据库(以关系型数据库为主,以下简称管理库)之间的数据传送。SQL 访问管理器可以建立数据表模板和数据绑定表。通过 SQL 函数可以同管理库建立连接,并可对数据库进行操作。为了与管理库建立连接,需要管理库的描述信息,要建立数据表,需要知道表中包含的字段名、字段数据类型等信息,该信息由数据表模板定义;而向数据表中添加记录,就要知道各字段与变量间的对应关系,这是由数据绑定表决定的。

下面介绍几个常用术语:

（1）管理库的描述信息

描述信息因管理库的种类而异，描述信息指明了数据源名称、数据驱动程序类型、数据库所在位置、用户名、口令、数据库文件记录访问等级等信息。该信息可以通过"动作定义"对话框中的"SQL 连接"（SQL 数据源指定）选择按钮来得到。

（2）数据表模板

定义了数据表的结构，如字段组成、字段类型等。可以通过该模板创建一个数据表或多个数据表。

（3）绑定表（数据表绑定）

绑定表是指将数据表中的字段（列）与力控中的变量建立对应关系，插入或更新记录时，各字段将取对应的力控中变量的当前值。

（4）SQL 函数

可以在力控的任意脚本中调用。这些函数用来创建表格，插入、更新、删除、查询记录等。

使用 SQL 的一般步骤如下：

① 通过数据表管理器建立 SQL 数据表模板。

② 进行数据表绑定。

③ 在脚本中实现 SQL 操作，大体包括建立连接、建立数据表/选择记录（在已有的表中查询），插入、更新、删除记录或改变记录当前位置、断开连接等几个过程。

## 10.3.2　数据表模板

### 1.建立数据表模板

数据表模板对应数据库（DBMS）中的数据表结构，在模板中定义了数据表中包括的字段及各字段的属性，用于 SQLCreateTable() 函数。在导航器中选择"数据表管理/SQL 数据表模板"将出现如图 10.13 所示对话框。

"SQL 数据表模板"对话框说明如下：

① 名称长度最多为 32 个字符。

② 在"字段名"框中，输入表格模板的列名。字段名长度最多为 30 个字符。

③ 在"类型"框中，选择数据类型。数据类型选择因所用的数据库不同而变化。

④ 选择"索引"类型如下：

"惟一"表示该列内的值必须是惟一的。

"非惟一"表示该列内的值不必是惟一的。

"无"表示没有索引。

⑤ 选择"允许空值"来允许输入空数据到这一字段。

⑥ 单击"增加一行"来增加项目。

⑦ 单击"删除一行"来删除表格模板中所选项目。

⑧ 单击"修改一行"来修改表格模板中所选项目。

⑨ 单击"确定"来保存新表格模板配置并关闭对话框。

⑩ 用户可以单击"保存"来保存设置而不关闭对话框。

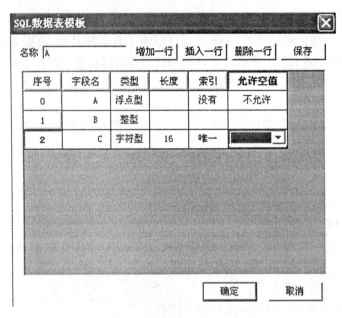

图 10.13　"SQL 数据表模板"对话框

**2.修改数据表模板**

① 可以在导航器中选择要修改的数据表模板名称,然后单击右键选择"修改",会出现"SQL 数据表模板"对话框。

② 在该对话框中修改所需项。

③ 单击"确定"来保存修改并关闭对话框.

## 10.3.3　数据表绑定

**1.建立数据绑定表**

数据表绑定是将数据表中的字段与 Draw 中的变量相连接。要建立数据表绑定,用户可以在导航器中选择"数据表管理器/数据表绑定",将出现如图 10.14 所示对话框。

在"名称"框中,输入绑定列表名称,长度最多为 32 个字符。新绑定表将数据表的字段与 Draw 中的变量相连接。

具体步骤如下:

① 在"变量名"输入框中输入变量名称,或者双击输入框,在弹出的变量选择框中选择所需变量。

② 在"字段"名称框中输入列名称。

③ 单击"增加一行"来增加项目。

④ 单击"删除一行"删除绑定表中所选择的项目。

⑤ 单击"插入一行"在绑定表中所选择的项目之前插入一行。

⑥ 单击"确定"来保存绑定表并关闭对话框。

⑦ 单击"保存"来保存设置而不关闭对话框。

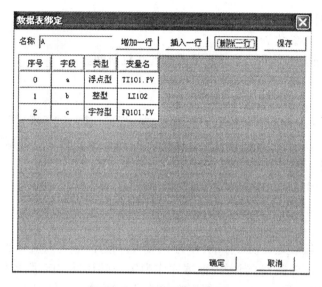

图 10.14　"数据表绑定"对话框

**2.修改绑定表**

可以在导航器中选择想改变的绑定表名称,然后单击右键选择"修改",会出现如图 10.15 所示对话框。

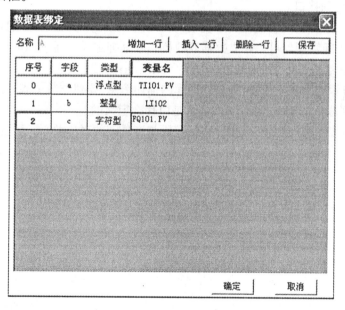

图 10.15　修改"数据表绑定"对话框

在该对话框中修改所需项,然后单击"确定"来保存用户的修改并关闭对话框。

### 10.3.4　SQL 函数

力控提供了一组 SQL 函数,以便使用脚本语言访问其他数据库(DBMS)。SQL 函数是同步执行的,在 SQL 函数返回之前,View 不能做任何事情。

SQL 函数的一般格式如下：

SQLXXXX(参数 1,参数 2…)

关于 SQL 函数的具体使用方法请参见力控的联机帮助。

# 习　题

10.1　力控支持目前主流的数据通信、数据交换标准,其中包括哪几种?

10.2　第三方 DDE 客户程序将力控数据库作为 DDE 服务器进行数据交换,若以 Excel 为例,请举例说明应如何实现。

10.3　若以 Excel 为例,请举例说明力控数据库将 Excel 作为 DDE 服务器进行数据交换的实现方法。

10.4　填空

① 力控实时数据库支持 OPC 标准,作为 OPC 客户程序,它可以从其他 OPC 服务器程序中访问数据。与 DDE 类似,当力控数据库作为客户端访问 OPC 服务器程序时,是将 OPC 服务器程序当做一个(　　)。数据库中的点参数通过(　　)与 OPC 服务器程序进行数据交换。

② OPC 是为了解决(　　)与各种(　　)的通信而产生的一项工业技术规范和标准。它采用客户/服务器体系,基于 Microsoft 的 OLE/COM 技术,为硬件厂商和应用软件开发商提供了一套标准的接口。

10.5　力控 SQL 访问功能是为了实现力控通过 ODBC 和其他管理型数据库之间的数据传送。SQL 访问管理器可以建立数据表模板和数据绑定表。通过 SQL 函数可以同管理库建立连接,并可对数据库进行操作。回答下列问题:

① 为了与管理库建立连接,需要管理库的描述信息,要建立数据表,需要知道表中包含的字段名、字段数据类型等信息,该信息是由什么定义的?

② 向数据表中添加记录,就要知道各字段与变量间的对应关系,这是由什么决定的?

# 第 11 章　监控组态软件的控制功能

## 11.1　概　　述

在监控系统中,监控硬件设备是必不可少的,这些设备可以是 PLC、DCS、智能仪表或基于 PC 的工业计算机(以下简称 PC – Based 设备)。PLC、DCS、智能仪表的内部都具有现成的控制算法,通过组态就可以实现预定的控制方案和策略。但它们还有不足之处,首先,这些控制设备内部的策略修改起来很不方便,有些策略在系统运行期间甚至是不允许被修改的。其次,这些控制设备的控制能力十分有限,它们只能完成一些简单的常规控制,例如,DCS 的逻辑操作速度不高,而 PLC 的控制算法种类则偏少。这些缺陷严重制约着设备性能的发挥。

由于 PLC、DCS、智能仪表等控制设备与 PC 间都存在便利的通信手段,这样借助 PC 上组态软件提供的策略控制器的丰富算法,就可以弥补这些设备在运算、控制能力上的不足,充分发挥其作用。

在这里,力控引用"策略(Strategy)"的概念来描述组态软件的控制功能。策略相当于计算机语言中的函数,是在编译后可以解释执行的功能体。力控的控制策略生成器 Strategy Builder 是一个既可以运行于 Windows 98/2000/NT 环境,又可以运行于 Windows CE、DOS 等嵌入式环境的控制功能软件模块,它采用功能框图的方式为编程者提供编程界面,并具备与实时数据库、图形界面系统通信的功能。其工作桌面如图 11.1 所示。

在力控的 Strategy Builder 中,一个应用程序中可以有很多控制策略,但是有且只能有一个主策略。主策略被首先执行,主策略可以调用或间接调用其他策略。策略嵌套最多不超过 4 级(不包括主策略),即 0 ~ 3 级,否则容易造成混乱。在这 4 级中,0 级最高,3 级最低,高级策略可以调用低级策略,但低级策略不可以调用高级策略,除 3 级最多可以有 127 个策略外,其他 3 个级别分别最多可以有 255 个策略。

控制策略由一些基本功能块组成,一个功能块代表一种操作、算法或变量,它是策略的基本执行元素,类似一个集成电路块,有若干输入和输出,每个输入和输出管脚都有惟一的名称,不同种类的功能块每个管脚的意义、取值范围也不相同。

力控的控制策略是在控制策略生成器 Strategy Builder 中编辑生成的,在控制策略存盘时自动对策略进行编译,同时检查语法错误,编译也可以随时手动进行。

如果策略 A 被策略 B 调用,则称 A 是 B 的子策略。零级策略是主策略的子策略,零级策略的子策略是一级策略,依次类推。

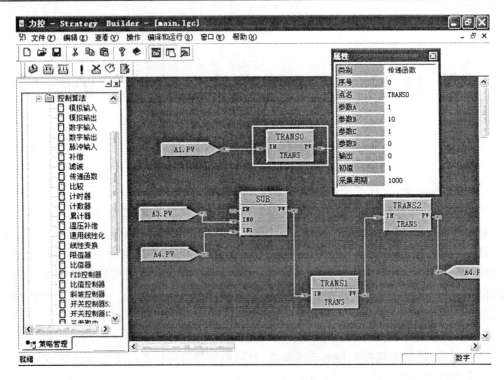

图 11.1　Strategy Builder 的工作界面

# 11.2　力控控制策略生成器的使用方法

在使用力控的策略编辑器之前,首先要确定控制策略是在目标设备上执行还是在上位操作站上执行。如果目标设备是 PLC、DCS 或智能仪表,那么控制策略在目标设备上执行的可能性很小;如果目标设备是 PC – Based 设备,那么控制策略在目标设备上执行的可能性很大,而且还要进行控制策略的下装。

## 11.2.1　编辑控制策略时的几条基本准则

策略只能调用其子策略,不能跨级调用,如不允许主策略调用二级策略;一个功能块的输出可以输出到多个基功能块的输入上;一个功能块的输入只能来自一个输出;功能块的输出不能来自另一个块的输出。

## 11.2.2　使用策略编辑器生成控制策略的基本步骤

使用策略编辑器生成控制策略的基本步骤如下:

① 根据生产控制要求编写控制逻辑图。

② 根据生产过程的控制要求配置 I/O 设备。

③ 根据逻辑图创建策略及子策略,建立 I/O 通道与基本功能块的连接。

④ 对创建的控制策略进行编译和排错。

⑤ 利用控制策略编辑器的各种调试工具对编辑的策略首先进行分段离线调试,再进

行总调试,最后进行在线调试。

⑥ 如果控制策略在本地运行,则将经过调试的策略投入运行;如果策略在目标设备上运行,则将策略下装到目标机中投入运行。

### 11.2.3　力控控制策略生成器的基本功能块组成

一种基本功能块可以被反复调用,每次调用被赋予一个名字,功能块的执行顺序和它在屏幕上的位置相关,位置靠左上方的功能块优先执行,按照先左后右、先上后下的顺序执行。

基本功能块分5类:变量功能块、数学运算功能块、程序控制功能块、逻辑功能块和控制算法功能块。

如图 11.2 所示,一个基本功能块由下面几部分组成。

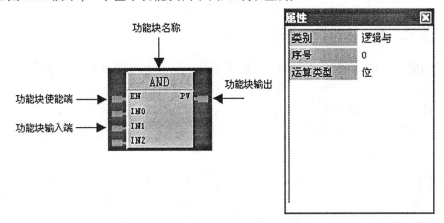

图 11.2　基本功能块的组成

① 功能块名称:描述功能块的类别。

② 功能块输入端:是功能块的输入参数,即参加运算的操作数,在本书中用 IN1、IN2、IN3…或其他有意义的助记符表示。

③ 功能块输出:是功能块的运算输出,在本书中用 OUT 或其他有意义的助记符表示。

④ 功能块参数:指定功能块中参与运算的必要参数,在组态期间设置这些参数的值,参数的值也可以与其他功能块的输入、输出进行连接,接受来自其他功能块的参数设定或将参数的值送给其他功能块。参数的名称不显示在功能块的输入和输出管脚上,在力控 Strategy Builder 的工作桌面上单击一个功能块,其参数就会显示在属性框中,如图 11.3 所示。

⑤ 功能块使能端:当它的数值为非 0(TRUE)时,才允许功能块对输入变量进行运算,否则功能块不执行运算,运算输出保持上一次的值,可以用另一个功能块的输出连接到功能块的使能端,达到控制是否允许其运算的目的。

有关力控控制策略生成器的基本功能块的详细说明参见力控的联机帮助。

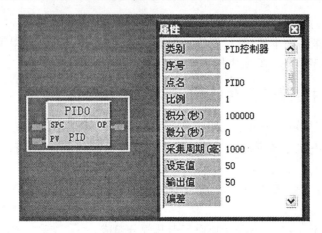

图 11.3  功能块的参数

### 11.2.4  控制策略在本机执行

本节用两个简单的例子来介绍如何使用策略编辑器来实现预定的控制目标,包括组态和调试的方法。

**例 11.1**  PID 控制示例。

假设被控对象为一阶惯性系统,用 PID 功能块对该对象进行控制,使被控对象的输出能快速、准确地跟随设定值的变化。

设被控对象的传递函数形式为 $\dfrac{1}{3S+1}$ ,由于力控控制策略生成器的基本功能块中的传递函数形式是 $(C+DS)/(A+BS)$ ,为了用功能块传递函数来模拟被控对象,所以传递函数功能块的参数应是 $A=1, B=3, C=1, D=0$ 。

PID 的参数是 $P=1.2, I=2, D=1.5$ ,采样周期为 1 000 毫秒。

控制策略的组态如图 11.4 所示。为了体现 PID 的控制效果,在控制策略组态时,创建了一个没有 PID 控制的一阶惯性系统,TRANS3 的参数和图 11.4 中 TRANS0 的参数完全相同,如图 11.5 所示。

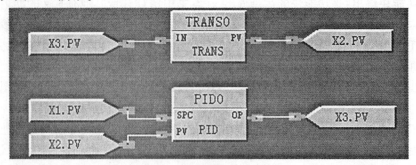

图 11.4  PID 控制策略图

在 Draw 中创建一个实时趋势,并把 Strategy Builder 组态的变量当做 DB 变量引用。将控制策略编译运行,在 View 中观察 PID 控制系统的控制过程,如图 11.6 所示。

图 11.5　没有 PID 控制的一阶惯性系统控制策略图

| 设定值(X1. PV) | 35.00000 | 比例（P） | 1.20000 |
| PID输出值(X3. PV) | 34.96046 | 积分（I） | 2.00000 |
| 系统输出（测量值X2. PV) | 34.78142 | 微分（D） | 1.50000 |
| 没有PID控制的输出（X4. PV)： | 35.06159 | | |

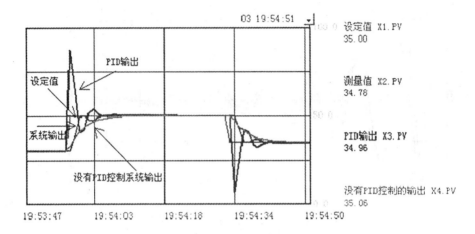

图 11.6　PID 控制系统的控制过程

**例 11.2**　典型二阶系统的阶跃响应仿真示例。

典型二阶系统结构图如图 11.7 所示。在这里,我们利用力控的控制策略提供的功能块来仿真典型二阶系统的阶跃响应,仿真原理图如图 11.8 所示。在图 11.8 中,SUB 功能块实现比较环节、传递函数 TRANS1 模拟积分调节器 1/S(参数是 A = 0,B = 1,C = 1,D = 0)、传递函数 TRANS2 模拟被控对象 1/(S + 1)(参数是 A = 1,B = 1,C = 1,D = 0)。A1.PV(数据库变量)为系统的给定输入、A3.PV(数据库变量)为系统的输出,同时也是反馈信号。

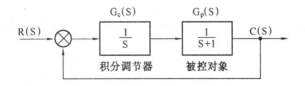

图 11.7　典型二阶系统结构图

在 Draw 中创建一个实时趋势,将控制策略编译运行,在 View 中观察二阶系统的阶跃响应,如图 11.9 所示。

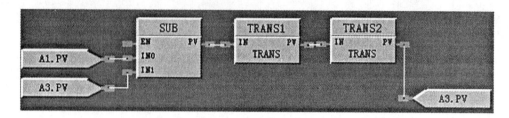

图 11.8　典型二阶系统的仿真控制策略图

给定输入（A1.PV）：50.00000　　　调节器输出：　48.97000

反馈信号（A3.PV）：48.62315　　　系统输出：　　48.62315

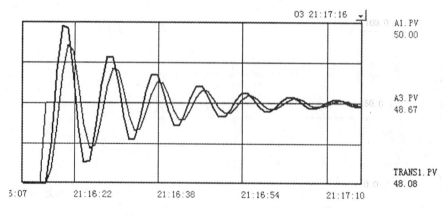

图 11.9　典型二阶系统的阶跃响应

### 11.2.5　控制策略在目标设备上执行

当控制策略在目标设备上执行时，除需要建立、编译策略外，还应该执行策略的下载，将编译好的、经检查和离线调试无错的策略代码装入目标设备，并启动策略执行。在下装时，必须先选择目标设备的名称并对其硬件进行配置（组态）。在操作站上可以停止、启动目标设备上策略的执行（需要授权）。为了方便紧急情况的处理，还允许对策略中的所有功能块单独实施"强置"，即使功能块的输出脱离运算输出，也可以由授权的操作人员任意设置。

在装置正常运行期间，一般不允许控制策略的下载。如果要下载的话，必须首先停止执行现有策略，待下装结束后再重新启动策略。

### 11.2.6　控制策略的调试手段

力控的策略编辑器具有 Online 和 Offline 两种工作方式，在 Online 和 Offline 方式下都可以进行调试。在 Online 方式下，策略执行程序直接从 I/O 设备读入信号，将计算结果送给输出通道，这时如果想改变某个通道的输入值，只能对其进行强置处理。而在 Offline 方式下，可以任意对所有输入、输出数据输送强置值，以观察相关的数据变化。在进行调试时，策略编辑器内的模拟功能块将实时动态显示当前的计算结果，而开关型的功能块则当输出为真("1")时可以改变颜色,这样可以清晰地分辨出逻辑回路的状态。

# 习 题

11.1 简述策略(Strategy)的概念。

11.2 填空

① 在力控的 Strategy Builder 中,一个应用程序中可以有很多控制策略,但是有且只能有( )个主策略。主策略被首先执行,主策略可以调用或间接调用其他策略。策略嵌套最多不超过( )级(不包括主策略),否则容易造成混乱。

② 控制策略由一些基本功能块组成,一个功能块代表一种( )、( )或( ),它是策略的基本执行元素,类似一个集成电路块,有若干输入和输出,每个输入和输出管脚都有惟一的名称,不同种类的功能块其每个管脚的意义、取值范围也不相同。

③ 力控的控制策略是在控制策略生成器 Strategy Builder 中编辑生成的,在控制策略存盘时自动对( )进行编译,同时检查( )错误,编译也可以随时手动进行。

④ 一种基本功能块可以被反复调用,每次调用被赋予一个名字,功能块的执行顺序和它在屏幕上的位置相关,位置靠( )上方的功能块优先执行,按照先( )后( )、先上后下的顺序执行。

11.3 简述编辑控制策略时的几条基本准则。

11.4 某一实际微分环节的传递函数如习题图 11.1 所示。参照例 11.2,利用力控的控制策略提供的功能块来仿真该实际微分环节的阶跃响应过程。要求:① 绘出控制策略组态仿真原理图。② 创建一个实时趋势,将控制策略编译运行,在 View 中观察实际微分环节的阶跃响应。

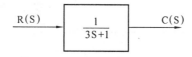

$$R(S) \rightarrow \boxed{\dfrac{1}{3S+1}} \rightarrow C(S)$$

习题图 11.1 实际微分环节的传递函数

11.5 参照例 11.1,在此基础上通过修改 PID 的比例(P)、积分(I)、微分(D)系数,观察 PID 的控制效果。

提示:① 创建 4 个 DB 变量 X1、X2、X3、X4;

② 按照图 11.4、图 11.5 完成控制策略组态;

③ 在 Draw 中创建一个实时趋势,如习题图 11.2 所示。

其中,"2YY.# # # # #"、"3CC.# # # # #"、"4WW.# # # # #"分别和 X3.PV、X2.PV、X4.PV 建立"数值输出/模拟"连接。以"3CC.# # # # #"文本对象为例,它的组态如习题图 11.3 所示。

由于设定值(X1.PV)是控制系统的输入,所以"1XX.# # # # #"文本对象在组态时应选择"数值输入/模拟","变量"输入框内输入"X1.PV",如习题图 11.4 所示。

1#.# # # # #、2#.# # # # #、3#.# # # # #文本对象分别和 PID0 的 KP、KI、KD 参数连接。以 1#.# # # # #为例,其组态如习题图 11.5 所示。在连接过程中,可单击习题图 11.5 中的"变量选择",出现如图 11.6 所示的"变量选择"对话框,在

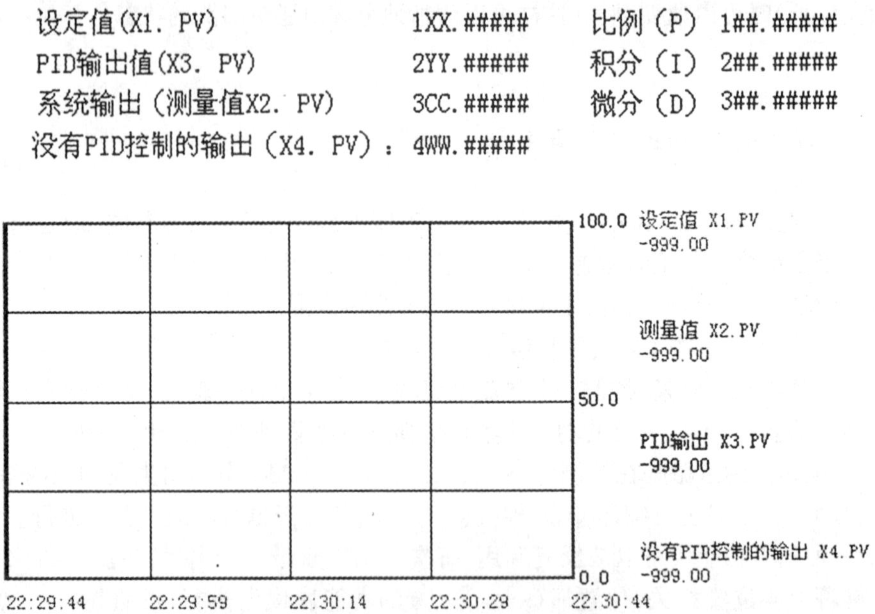

设定值(X1. PV) 1XX.#####
比例 (P) 1##.#####
PID输出值(X3. PV) 2YY.#####
积分 (I) 2##.#####
系统输出 (测量值X2. PV) 3CC.#####
微分 (D) 3##.#####
没有PID控制的输出 (X4. PV) : 4WW.#####
100.0
50.0
0.0
设定值 X1.PV
-999.00
测量值 X2.PV
-999.00
PID输出 X3.PV
-999.00
没有PID控制的输出 X4.PV
-999.00
22:29:44
22:29:59
22:30:14
22:30:29
22:30:44

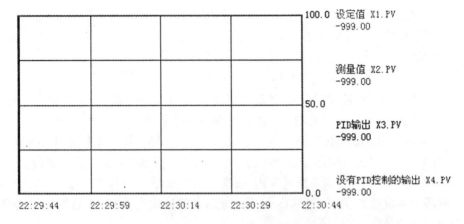

习题图 11.2 PID 控制系统控制过程组态

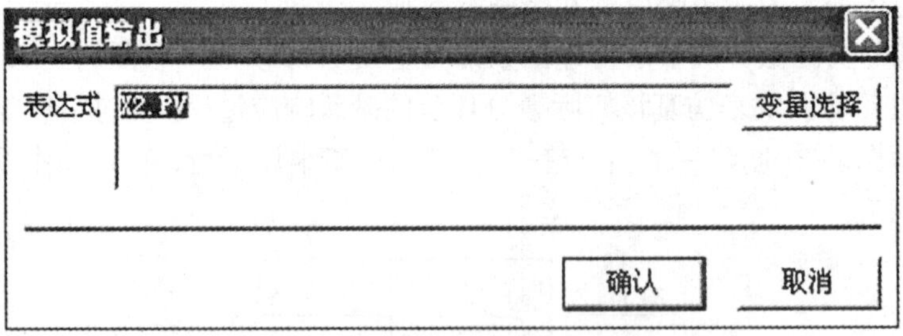

模拟值输出
表达式
X2.PV
变量选择
确认
取消

习题图 11.3 "3CC.#####"文本对象的组态

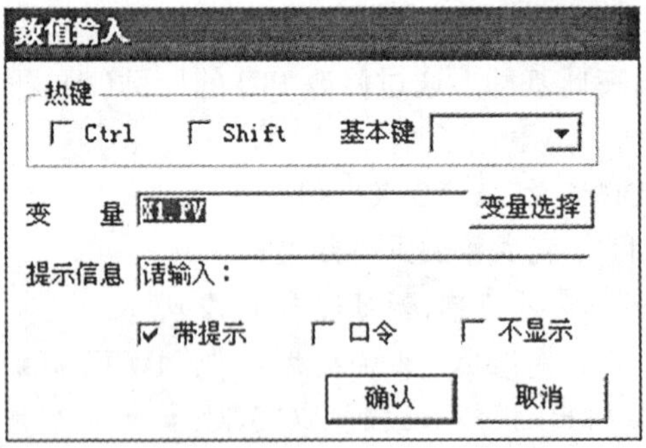

数值输入
热键
Ctrl
Shift
基本键
变 量
X1.PV
变量选择
提示信息
请输入:
带提示
口令
不显示
确认
取消

习题图 11.4 "1XX.#####"文本对象在组态

"点"栏目里选择"PID0",在"参数"栏目里选择"KP",然后单击"选择"按钮,返回到习题图 11.5 所示的对话框,在"变量"输入框中就会出现"PID0.KP"。2##.#####、3##.#####文本对象的组态同1##.#####,只是"参数"的选择分别为 KI 和 KD。

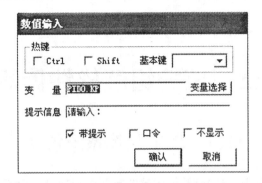

习题图 11.5  "1＃＃.＃＃＃＃"文本对象的"数值输入"组态

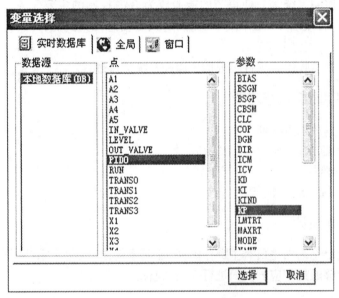

习题图 11.6  "1＃＃.＃＃＃＃"文本对象组态时的"变量选择"对话框

# 第 12 章　监控组态软件仿真示例

## 12.1　楼宇监控系统仿真

建筑设备自动化系统(BAS)是智能建筑的重要组成部分。由于大量电子设备的应用(如中央空调系统、照明系统等),使得节约能源成为 BAS 控制的主要任务。建立完善的楼宇监控系统,可以有效地降低能耗,同时将所有设备信息汇集到操作站,便于集中监控管理。

本节介绍用力控监控组态软件实现楼宇监控系统仿真过程。

### 12.1.1　楼宇监控系统功能

楼宇监控系统具有以下功能:
① 照明系统的监控;
② 排风系统的监控;
③ 监测给水系统的运行状态。

### 12.1.2　画面设计

楼宇监控系统组态画面主要有主操作画面、照明系统画面、给水系统画面、排风系统画面。管理人员能够通过相应的画面进行控制和监视。

**1.主操作画面**

主操作画面如图 12.1 所示。管理人员可通过主操作画面进入相应的画面,并对相应的系统进行监测。

**2.照明系统画面**

照明系统画面如图 12.2 所示。管理人员可通过控制开关对各个场所的灯光进行控制。

**3.给水系统画面**

给水系统画面如图 12.3 所示。管理人员可对用水情况进行控制。

**4.排风系统画面**

排风系统画面如图 12.4 所示。管理人员可根据各个场所的需求对排风进行控制。

### 12.1.3　组态过程

组态过程实质上就是把组态画面上的控制开关与现场设备(如照明灯、风扇、水泵等图形对象)建立连接,使管理人员在操作站画面上就可以对现场的设备进行操作和监视。

图 12.1　楼宇监控系统主操作画面

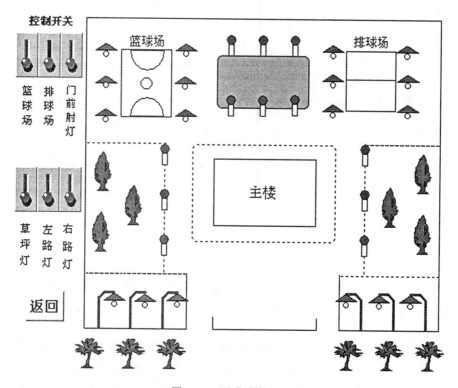

图 12.2　照明系统画面

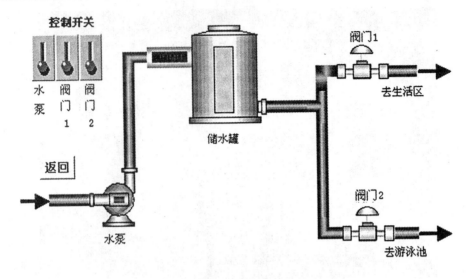

图 12.3　给水系统画面

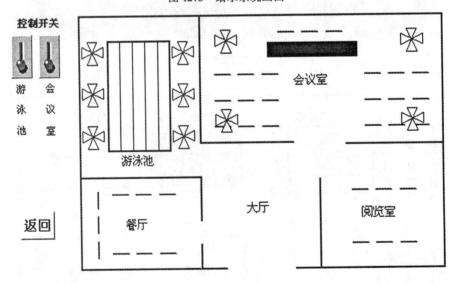

图 12.4　排风系统画面

**1.照明系统的组态过程**

（1）定义变量

在 Draw 中定义 6 个中间变量 switch1 ～ switch6，它们的类型为离散型，分别对应篮球场、排球场、门前射灯、草坪灯、左路灯、右路灯的控制开关。

（2）建立动画连接

① 篮球场灯光控制。双击篮球场控制开关，出现"动画连接"对话框，选择"左键动作"按钮，在"释放鼠标"编辑区域输入脚本，如图 12.5 所示，然后按"确认"按钮回到"动画连接"对话框。单击"目标移动/垂直"按钮，弹出"水平/垂直移动"对话框，填写内容见图 12.6。

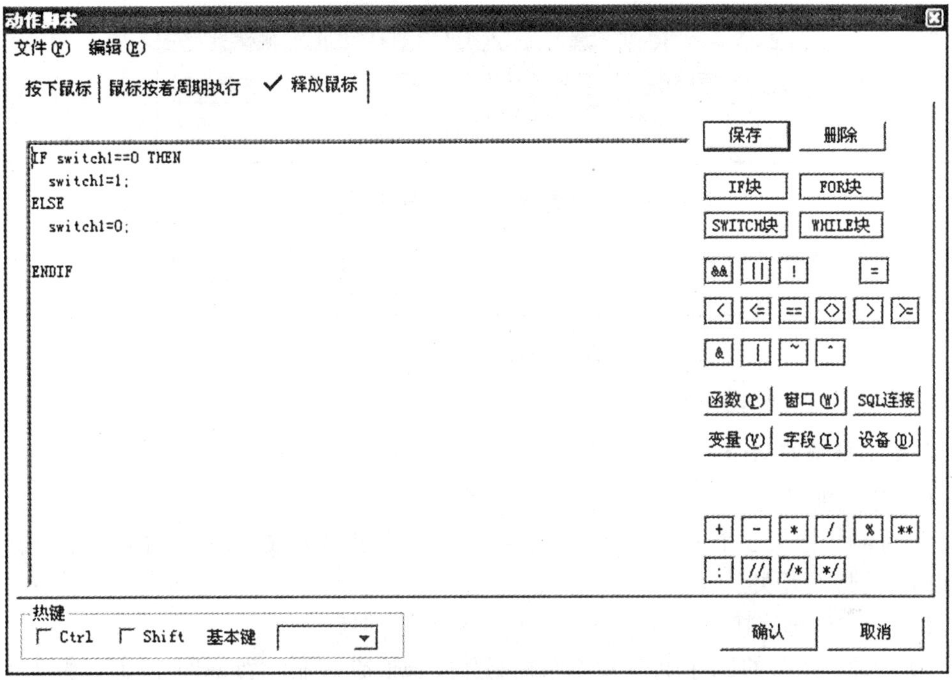

图 12.5　篮球场控制开关 switch1"释放鼠标"脚本

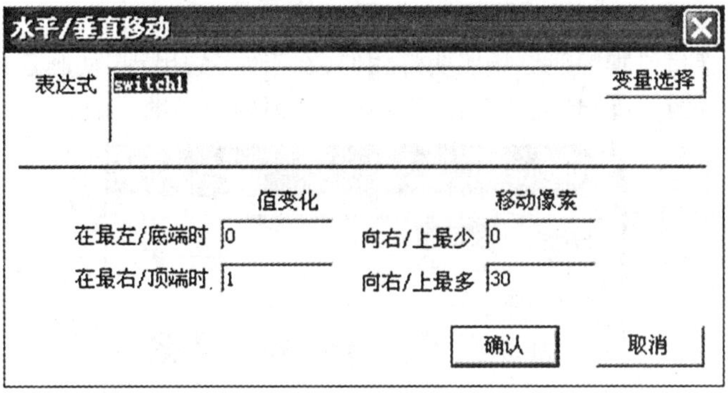

图 12.6　篮球场控制开关 switch1"水平/垂直移动"对话框

篮球场 6 个照明灯由篮球场控制开关 switch1 控制。switch1 打开(switch1 = 1),篮球场 6 个照明灯都亮;switch1 闭合(switch1 = 0),篮球场 6 个照明灯都不亮。所以篮球场 6 个照明灯的"动画连接"是一样的。双击篮球场 6 个照明灯中的任意 1 个,出现"动画连接"对话框,选择"颜色变化/条件"按钮,弹出"颜色变化"对话框,填写内容见图 12.7。篮球场其他 5 个照明灯的组态同上。

② 其他场所的灯光控制。排球场照明灯、门前射灯、草坪灯、左路灯、右路灯的组态同篮球场照明灯一样。只是用不同的控制开关去控制不同场所的灯,读者可自行完成。

③ "返回"按钮的组态。双击"返回"按钮,出现"动画连接"对话框,选择"左键动作"按钮,在"按下鼠标"编辑区域输入脚本:

CloseWindow();//关闭当前窗口

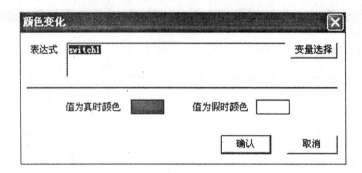

图 12.7　篮球场照明灯的组态

其他画面"返回"按钮的组态同上。

**2. 给水系统的组态过程**

（1）定义变量

在 Draw 中定义 3 个中间变量 switch7 ～ switch9，类型为离散型，分别对应水泵、阀门 1 和阀门 2 的控制开关。

（2）建立动画连接

① 水泵。水泵的运行、停止由水泵控制开关 switch7 控制。当 switch7 闭合时，水泵运行通过入水管道给储水罐上水；当 switch7 断开时，水泵停止工作。水泵控制开关 switch7 的动画连接同 switch1 一样，可参见图 12.5、图 12.6。

水泵的动画连接过程同篮球场照明灯相似，双击水泵，出现"动画连接"对话框，选择"颜色变化/条件"按钮，弹出"颜色变化"对话框，填写内容见图 12.8。

图 12.8　水泵的组态

② 阀门 1、阀门 2。阀门 1、阀门 2 的动画连接同水泵相同。阀门 1、阀门 2 的组态内容见图 12.9 和图 12.10。

**3. 排风系统的组态过程**

（1）定义变量

首先在 Draw 中定义 2 个中间变量 switch10、switch11，类型为离散型，分别对应游泳池控制开关和会议室控制开关。然后再定义 2 个中间变量 rotate1、rotate2，类型为整型，分别对应游泳池和会议室的风扇旋转控制变量。

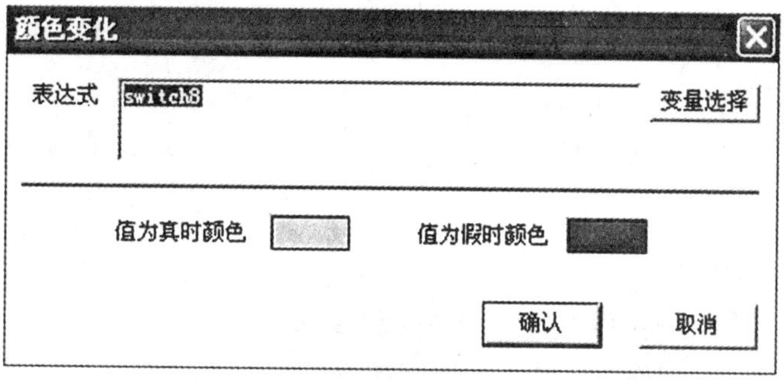

图 12.9 阀门 1 的组态

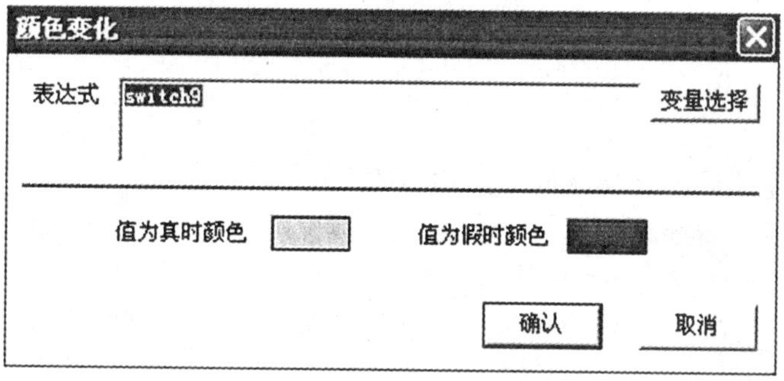

图 12.10 阀门 2 的组态

(2) 风扇旋转控制组态

游泳池和会议室的控制开关组态过程相同,可参见篮球场控制开关 switch1 的组态过程。

同样,游泳池和会议室的风扇的组态过程也相同,下面介绍游泳池风扇的组态过程。双击游泳池 6 个风扇中的任意 1 个,出现"动画连接"对话框,选择"目标移动/旋转"按钮,弹出"目标旋转"对话框,填写内容见图 12.11。

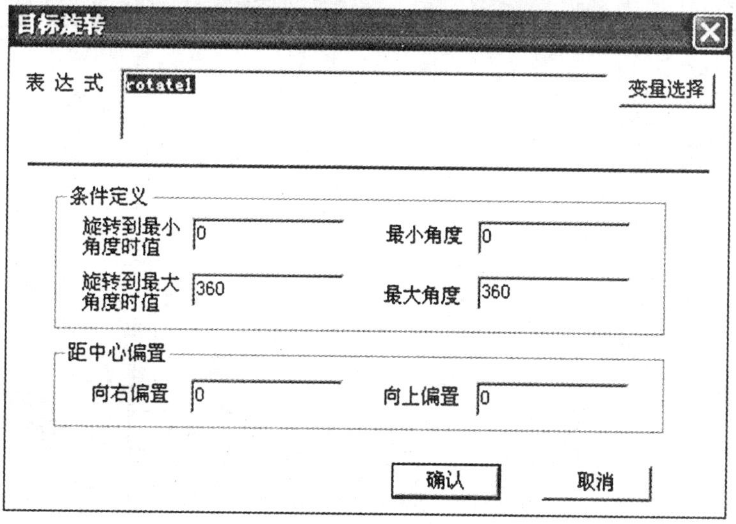

图 12.11 游泳池风扇的组态

选择 Draw 的菜单命令"特殊功能/动作/窗口",打开脚本编辑器,在"进入窗口"脚本编辑区域,输入脚本:

```
switch10 = 0;
switch11 = 0;
rotate1 = 0;
rotate2 = 0;
```

在"窗口运行周期执行"脚本区域,输入脚本:

```
IF switch10 = = 1&&rotate1 < = 360 THEN
    rotate1 = rotate1 + 10;
ELSE
    rotate1 = 0;
ENDIF
IF switch11 = = 1&&rotate2 < = 360 THEN
    rotate2 = rotate2 + 10;
ELSE
    rotate2 = 0;
ENDIF
```

然后单击"确认"按钮返回 Draw。

**4. 主操作画面的组态过程**

主画面上的"照明系统"、"给水系统"和"排风系统"这 3 个文本对象的组态过程相同。下面以"照明系统"为例介绍组态过程。

双击文本对象"照明系统",出现"动画连接"对话框,选择"触敏动作/窗口显示"按钮,弹出"选择窗口"对话框,如图 12.12 所示,选中"照明系统"窗口,单击"确认"按钮返回。

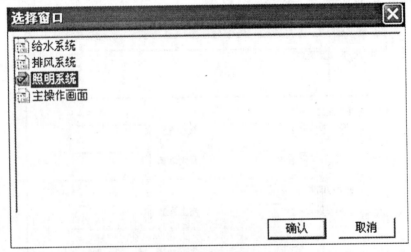

图 12.12　文本对象照明系统的组态

另外的 2 个文本按钮可参见上述组态过程。

文本对象"退出"的组态过程如下：

双击文本对象"退出"，出现"动画连接"对话框，选择"触敏动作/左键动作"按钮，弹出"动作脚本"编辑器，在"按下鼠标"脚本区域，输入脚本：

Exit(0);//退出应用程序

经过以上的组态过程，楼宇监控系统的组态任务完成，进入运行系统 View，就可以看到我们的劳动成果了。

# 12.2　传送系统仿真工程示例

在自动化生产线上，我们经常能够看到传送系统的例子。例如，矿泉水生产线、啤酒厂自动灌装生产线、制药厂的注射液生产线等等。

本节用力控监控组态软件创建一个传送系统仿真工程，模拟制药厂化学药品制剂灌装生产过程。

## 12.2.1　传送系统工艺过程

假设制药厂自动灌装生产线的工艺过程如图 12.13 所示。

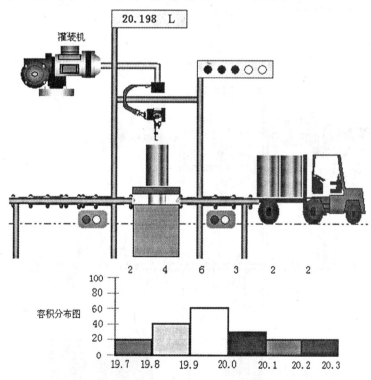

图 12.13　自动灌装生产线的工艺过程

工艺过程如下：

① 制剂空桶由传送带送到液压平台上；

② 液压平台开始上升,上升到指定位置后停止;

③ 灌装机向制剂空桶开始灌装化学药品制剂,同时显示灌装的制剂容量,当注入规定容量的制剂后停止灌装;

④ 液压平台开始下降,下降到起始位置后停止;

⑤ 装满制剂的桶由传送带送到运货小车上,同时显示运货小车上制剂桶的数量;

⑥ 如果运货小车上有 5 个装满制剂的桶,运货小车驶向仓库,经过一段时间后,小车回来,传送系统又重新开始,继续①~⑤步骤;否则,小车等待,传送系统继续①~⑤步骤。

传送系统的工作过程,就是由以上①~⑥步骤组成,如此反复进行。

### 12.2.2　仿真工程监控要求

仿真工程监控应满足以下 3 个要求:

① 模拟制剂灌装生产过程。

② 操作人员可通过画面对灌装生产过程进行实时监测。

③ 工程技术人员可根据容积分布图的指示情况,对灌装机进行调整,使注入桶内的化学制剂容量在合理的范围之内。

### 12.2.3　组态过程

**1.画面设计**

根据传送系统的工艺过程及监控要求,创建的工程组态画面如图 12.14 所示。

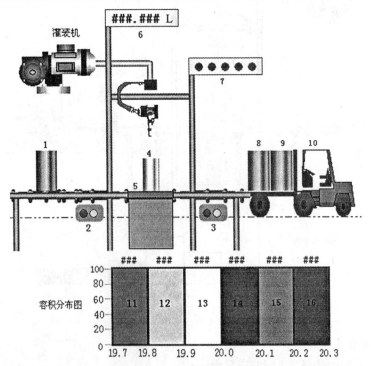

图 12.14　传送系统的组态画面

**2.传送系统的组态过程**

由于传送系统组态画面的图形对象较多,为了便于说明各个图形对象的组态过程,将图 12.14 中需要组态的图形对象做了标记,标记序号为 1~16。下面就详细说明传送系统的组态过程。

(1) 定义变量

下面定义的变量类别都是中间变量。

平台高度变量(实型):raise1

速度调节器变量(实型):mover

信号灯变量(离散型):flag1、flag2

统计灌装制剂桶的数量变量(整型):number

随机容量变量(实型):randweight

传送装置的步骤变量(整型):nStep

桶的水平、竖直位置变量(实型):bottlemoveh、bottlemovev

灌装的制剂容量变量(实型):depth

灌装速度变量(实型):valve

容积分布图变量(整型):distrube1~ distrube6

运货小车位置变量(实型):carmoveh

(2) 应用程序动作脚本

选择 Draw 的菜单命令"特殊功能/动作/应用程序",打开脚本编辑器,如图 12.15 所示。

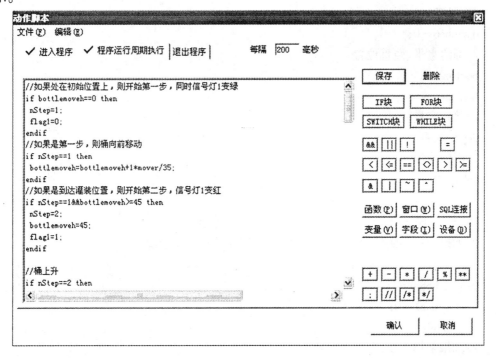

图 12.15　应用程序动作脚本

① 在"进入程序"脚本编辑区域输入脚本：

```
//平台高度
raise1 = 0;
//第 1 个信号灯为绿色
flag1 = 0;
//第 2 个信号灯为红色
flag2 = 1;
//速度调节器
mover = 30;
//已经灌装桶的数量
number = 4;
//随机容量
randweight = 20;
//传送装置的步骤
nStep = 1;
//容积分布图
distrube1 = 0;
distrube2 = 1;
distrube3 = 2;
distrube4 = 0;
distrube5 = 1;
distrube6 = 0;
//桶的水平、竖直位置
bottlemoveh = 0;
bottlemovev = 0;
//灌装容量变量
depth = 0;
//灌装速度
valve = 0.2;
```

② 在"程序运行周期执行"脚本编辑区域输入脚本：

```
//如果处在初始位置上,则开始第 1 步,同时信号灯 1 变绿
    if bottlemoveh = = 0 then
      nStep = 1;
      flag1 = 0;
    endif
//如果是第 1 步,则桶向前移动
    if nStep = = 1 then
```

```
          bottlemoveh = bottlemoveh + 1 * mover/35;
        endif
//如果是到达灌装位置,则开始第 2 步,信号灯 1 变红
      if nStep = = 1&&bottlemoveh > = 45 then
        nStep = 2;
        bottlemoveh = 45;
        flag1 = 1;
      endif
//桶上升
      if nStep = = 2 then
        raise1 = raise1 + 5 * mover/35;
        bottlemovev = bottlemovev + 5 * mover/35;
      endif
//上升到顶部时,进入第 3 步,生成随机容量
      if nStep = = 2&&raise1 > = 35 then
        raise1 = 35;
        nStep = 3;
        randweight = 19.7 + rand(12001)/20000;
      endif
//开始灌装制剂
      if nStep = = 3 then
        depth = depth + mover * valve/7;
      endif
//灌装达到指定容量时,停止加料,进入第 4 步
//并且加上分布图
      if nStep = = 3&&depth > = randweight then
        depth = randweight;
        nStep = 4;
        if randweight > = 19.7&&randweight < 19.8 then
          distrube1 = distrube1 + 1;
        endif
        if randweight > = 19.8&&randweight < 19.9 then
          distrube2 = distrube2 + 1;
        endif
        if randweight > = 19.9&&randweight < 20 then
          distrube3 = distrube3 + 1;
        endif
        if randweight > = 20&&randweight < 20.1 then
```

```
            distrube4 = distrube4 + 1;
        endif
    if randweight > = 20.1&&randweight < 20.2 then
            distrube5 = distrube5 + 1;
        endif
    if randweight > = 20.2&&randweight < = 20.3 then
            distrube6 = distrube6 + 1;
        endif
//如果有一个超过 100,则全部清 0
    if distrube1 = = 100||distrube2 = = 100||distrube3 = = 100||distrube4 = = 100||dis-
trube5 = = 100||distrube6 = = 100 then
            distrube1 = 0;
            distrube2 = 0;
            distrube3 = 0;
            distrube4 = 0;
            distrube5 = 0;
            distrube6 = 0;
        endif
    endif
//平台下降
    if nStep = = 4 then
        raise1 = raise1 - mover/15;
        bottlemovev = bottlemovev - mover/15;
    endif
//如果到达底部,则进入第 5 步,同时信号灯 2 变绿
    if nStep = = 4&&raise1 < = 0 then
        flag2 = 0;
        raise1 = 0;
        bottlemovev = 0;
        nStep = 5;
    endif
//桶向前移动
    if nStep = = 5 then
        bottlemoveh = bottlemoveh + 1 * mover/35;
    endif
//如果到达终点,则信号灯 2 变红,容积清 0
    if nStep = = 5&&bottlemoveh > = 100 then
        flag2 = 1;
```

```
            depth = 0;
            number = number + 1;
```
//如果满 5 个,进入运输阶段
```
        if number = = 5 then
            nStep = 6;
            bottlemoveh = 100;
```
//否则重新开始
```
        else
            nStep = 1;
            bottlemoveh = 0;
        endif
    endif
```
//小车向前移动
```
    if nStep = = 6 then
        carmoveh = carmoveh + 1 * mover/15;
    endif
```
//重新开始
```
    if nStep = = 6&&carmoveh > = 100 then
        carmoveh = 0;
        nStep = 1;
        number = 0;
        bottlemoveh = 0;
    endif
```

(3) 图形对象 1 的组态

双击图形对象 1(装制剂的空桶),出现"动画连接"对话框,选择"杂项/一般性动作"按钮,在"运行中周期执行"编辑区域输入脚本:
```
    if bottlemoveh = = 0||nStep = = 1 then
        show();
    endif
    if bottlemoveh = = 100 then
        hide();
    endif
```
然后单击"返回"按钮回到"动画连接"对话框;

单击"目标移动/垂直"按钮,弹出"水平/垂直移动"对话框,填写内容见图 12.16;

单击"目标移动/水平"按钮,弹出"水平/垂直移动"对话框,填写内容见图 12.17。

(4) 图形对象 2、3 的组态

双击图形对象 2 的左边信号灯,出现"动画连接"对话框,选择"颜色变化/条件"按钮,弹出"颜色变化"对话框,在"表达式"输入框输入 flag1、"值为真时颜色"选红色,"值为假

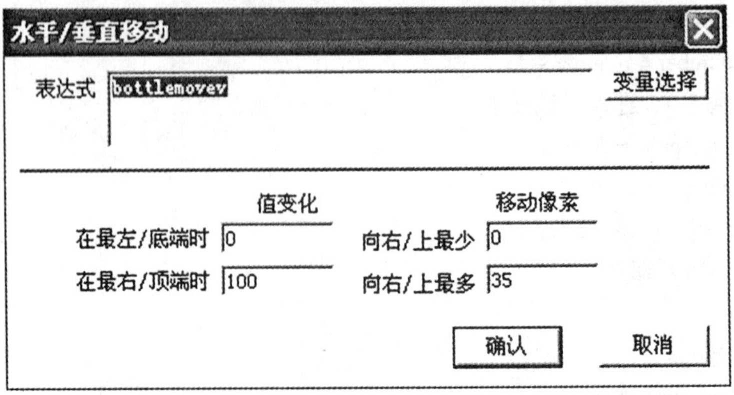

图 12.16　图形对象 1 的垂直移动组态

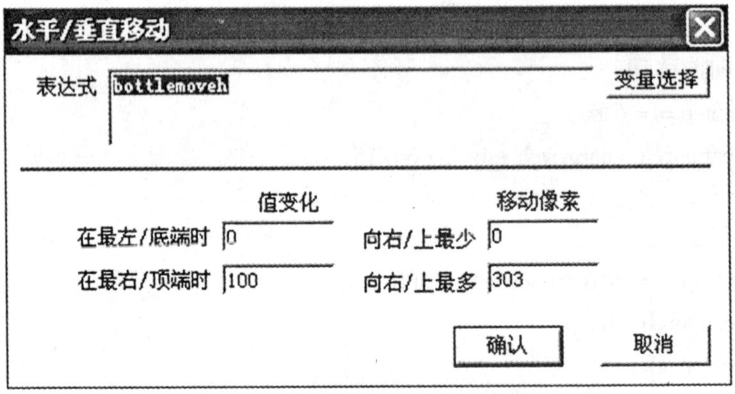

图 12.17　图形对象 1 的水平移动组态

时颜色"选灰色,见图 12.18。图形对象 2 的右边信号灯的组态过程同左边信号灯,只是"值为真时颜色"选灰色、"值为假时颜色"选绿色。

图形对象 3 的组态过程同图形对象 2,只是在"表达式"输入框输入 flag2。

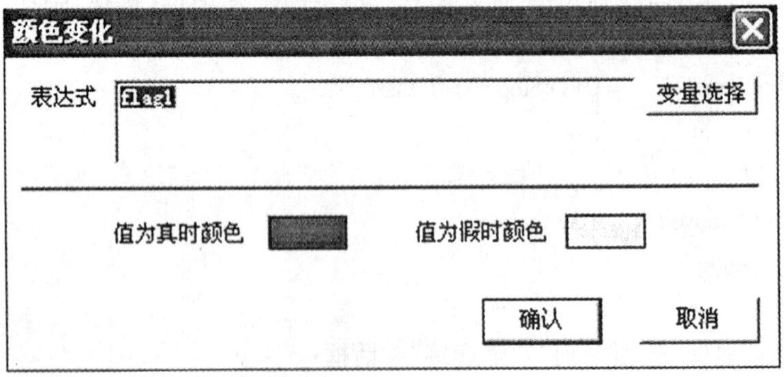

图 12.18　图形对象 2 左边信号灯的组态

(5) 图形对象 4 的组态

双击图形对象 4(液压装置),出现"动画连接"对话框,选择"尺寸/高度"按钮,弹出"高度变化"对话框,填写内容见图 12.19。

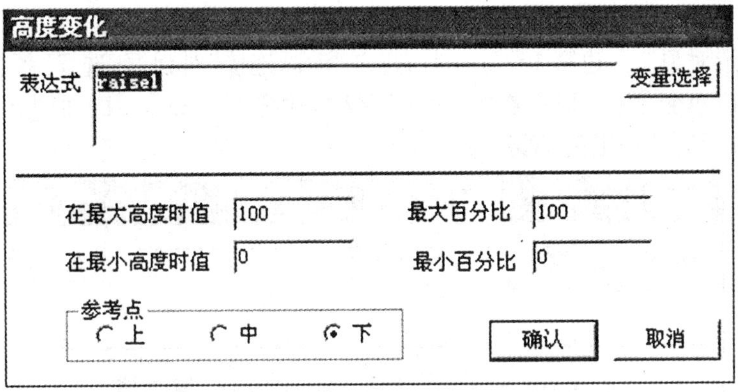

图 12.19　图形对象 4 的组态

(6) 图形对象 5 的组态

双击图形对象 5(液压平台),出现"动画连接"对话框,选择"目标移动/垂直"按钮,弹出"水平/垂直移动"对话框,填写内容见图 12.20。

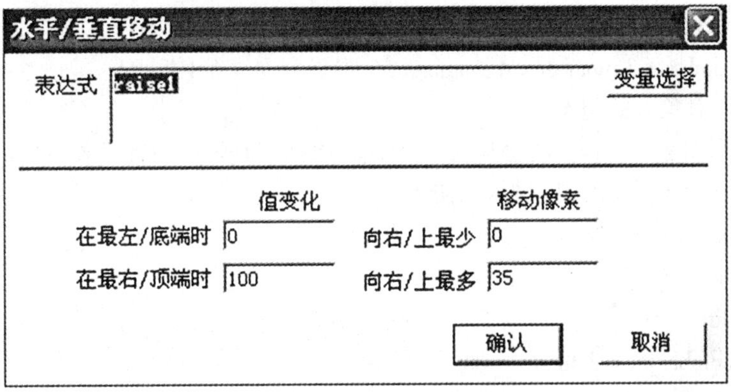

图 12.20　图形对象 5 的组态

(7) 图形对象 6 的组态

双击图形对象 6(灌装的制剂容量显示器),出现"动画连接"对话框,选择"数值输出/模拟"按钮,弹出"模拟值输出"对话框,填写内容见图 12.21。

图 12.21　图形对象 6 的组态

(8) 图形对象 7 的组态

图形对象 7 有 5 个指示灯,用以指示运货小车上制剂桶的数量。这 5 个指示灯的组态过程相同,下面就以左边第 1 个指示灯为例,说明组态过程。

双击图形对象 7 左边第 1 个指示灯,出现"动画连接"对话框,选择"颜色变化/条件"按钮,弹出"颜色变化"对话框,在"表达式"输入框中输入 number < 1、"值为真时颜色"选黄色,"值为假时颜色"选黑色,见图 12.22。

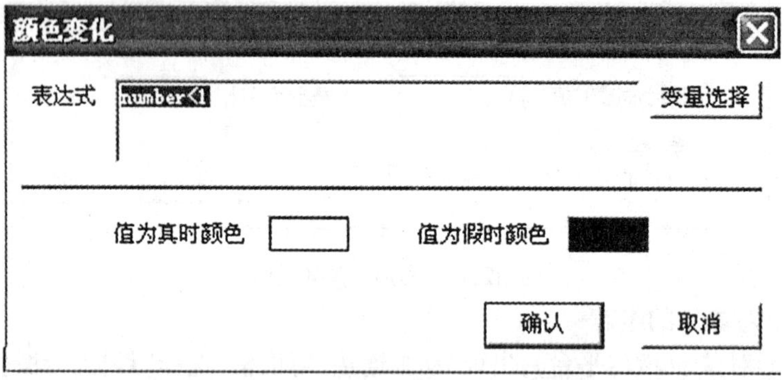

图 12.22　图形对象 7 第一个指示灯组态

其他 4 个指示灯的组态过程同上,只是在相应的"表达式"输入框输入的内容分别为:number < 2、number < 3、number < 4、number < 5。

(9) 图形对象 8 的组态

双击图形对象 8,出现"动画连接"对话框,选择"杂项/一般性动作"按钮。

① 在"开始运行"编辑区域输入脚本:

```
if number < 3 then
    hide();
endif
if number > = 3 then
    show();
endif
```

② 在"运行中周期执行"编辑区域输入脚本:

```
//if bottlemoveh = = 0 | | nstep = = 1 then
if number < 2 then
    hide();
endif
if number > = 2 then
    show();
endif
```

完成上述组态过程后,在"动画连接"对话框中选择"目标移动/水平"按钮,弹出"水平/垂直移动"对话框,组态内容见图 12.23。

(10) 图形对象 9 的组态

图形对象 9 的"一般性动作"组态同图形对象 8,只是在"开始运行"编辑区域输入脚本:

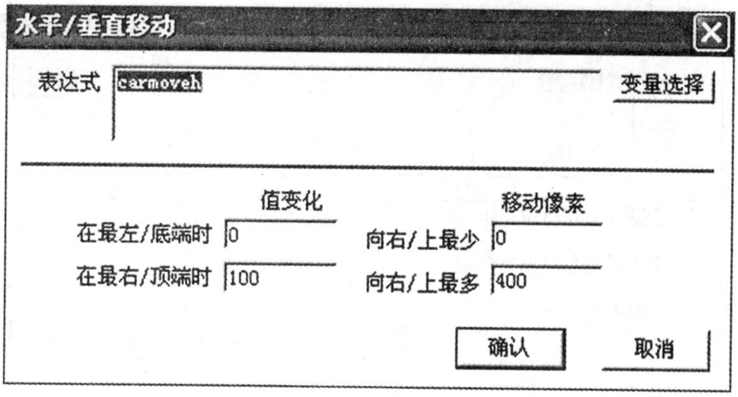

图 12.23　图形对象 8 水平移动组态

```
if number < 1 then
    hide();
endif
if number > = 1 then
    show();
endif
```

而在"运行中周期执行"编辑区域输入脚本：

```
//if bottlemoveh = = 0||nstep = = 1 then
if number < 1 then
    hide();
endif
if number > = 1 then
    show();
endif
```

图形对象 9 水平移动组态同图形对象 8,见图 12.23。

(11) 图形对象 10 的组态

图形对象 10(运货小车)的组态同图形对象 8 的"水平移动"组态,见图 12.23。

(12) 图形对象 11 ~ 16 的组态

图形对象 11 ~ 16(容积分布图)是用来统计灌装制剂的容量分布情况的,它们的组态过程相同。下面就以图形对象 11 为例,说明组态过程。

双击图形对象 11,出现"动画连接"对话框,选择"尺寸/高度"按钮,弹出"高度变化"对话框,填写内容见图 12.24。

其他 5 个图形对象 12 ~ 16 的组态过程同上,只是在相应的"表达式"输入框输入的内容分别为:distrube2、distrube3、distrube4、distrube5、distrube6。

另外,图形对象 11 ~ 16 上面的文本对象"＃＃＃"的组态过程也是一样的,只是在它们各自的"数值输出/模拟/模拟值输出"对话框内输入的内容分别为:distrube1、distrube2、distrube3、distrube4、distrube5、distrube6。

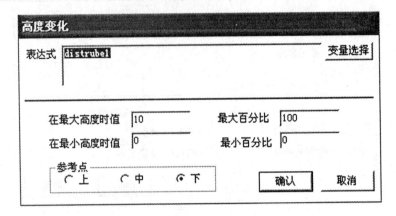

图 12.24　图形对象 11 的高度变化组态

　　经过以上(1)~(12)步骤,传送系统的组态过程结束。保存好组态内容后,进入运行系统 View,对组态内容进行调试,调试完后就可以投入运行。

# 附　　录

## 附录 1　常见问题

1.问：力控软件的通信参数如何设置？

答：力控软件的通信参数有以下几项：

① 组态参数：超时时间、数据更新周期。

② 运行参数：调度周期。

③ 力控 I/O 通信运行时显示的参数有以下几项：更新周期、扫描周期、超时时间、活动点数、活动包数、采集包数、采集次数、应答次数、超时次数、采集周期、采集频率、下置点数、下置次数。

采集包是将当前 DbManager 组态的数据分为几个数据包来进行发送，包数越少，采集速度越快，采集次数是通信程序根据调度周期来循环进行的，当采集次数和应答次数不断增加时，通信正常。

2.问：如何添加 IO 驱动？

答：力控的驱动是由两大部分组成的，一个是文件夹，另一个是调度程序。把两个程序拷到 FORCECONTROL 下的 IO SERVERS 中即可。

注意：若机器里装了多个力控，一定要拷到相应目录下的 IO SERVERS 下。

3.问：如何查找串口通信故障原因？

答：串口通信常见故障原因和解决方法有：

① 设备地址是否正确。

② 通信波特率，奇偶校验位，停止位，校验位。

③ 先用其自身测试软件，测试其通信情况，如正常，再用力控通信。

4.问：控制设备掉电后恢复时，力控软件的采集是如何处理的？

答：力控软件是根据设备的最大恢复时间来决定的，力控的最大恢复时间根据需要自行设定。

5.问：为什么驱动不能正常启动？

答：有提示为"动态连接装载失败，更新 IOAPI.DLL"。

① 驱动需要安装硬件的动态库，一般用户都有，如没有可到相关网站上去下载，或向相关厂家索取。

② 到 IO SERVERS 目录找到相关的调度程序（如 II-SunWay-DB.exe），并双击出现提示，有可能是三个 DLL 文件（IODEVMAN.DLL、IODBOCNTROL.DLL、COMDLL.DLL）的日期

比较旧,可到网站上去下载。

6.问:从三维力控科技有限公司网上下载了最新的驱动程序,组态之后,运行时为什么总是找不到该驱动程序呢,手动也能启动该程序,但就是不能自动找到该驱动?

答:这是因为力控主程序中的一些 DLL 文件比较旧了,应到三维力控科技有限公司网站上下载最新的 DLL 文件,路径为:"软件下载/基本程序组件/系统 DLL 及 OCX 控件",或者使用力控 2.6 的在线升级功能直接完成软件的完整升级。

7.问:目前有些组态软件在数据连接时不支持直接对设备位、双字等多种格式的连接支持,力控是否支持?

答:力控在 I/O 设备连接时支持多种数据格式的连接,如位、字节、16 位无(有)符号整型、32 位无(有)符号整型(浮点),只需在 I/O 连接组态时进行选取即可。

8.问:力控与 OMRON 以 HOSTLINK 方式通信时,为什么有时只能采集而不能下送?力控与 OMRON 的 CONTROLLINK 网络如何进行通信?

答:OMRON 的通信方式主要有两种:HOSTLINK 和 CONTROLLINK。HOSTLINK 协议规定 OMRON 的 PLC 处在运行的时候,数据只能采集,不能写入。力控针对 CONTROLLINK 网络有两个驱动程序,CONTROLLINK(SDK)驱动是通过调用 DLL 方式通信,建议用户采用此种方式,CONTROLLINK 驱动程序是为了保持以前 2.0 版本系统的兼容,它是利用控件的方式进行通信的。

9.问:力控与 S7200 如何进行通信?

答:力控对 S7200 支持 PPI 和 MPI 方式通信,MPI 方式上位机需要增加一块 CP5611 或者 MPI 电缆,PLC 硬件需要增加 EM277 模块,安装 PRODAVE S7,运行 PG/PC – interface pa-rameterisation,对通信参数进行配置。而 PPI 方式只需要一条 PPI 电缆。

10.问:力控与 S7200 通信时为何出现超时现象?

答:当用自制的通信电缆与 S7200 通信或者有干扰源时,由于电平和阻抗不匹配,会干扰通信质量,所以出现超时。

11.问:力控与 S7200 以 PPI 方式进行通信时采集几个区域?

答:力控 2.6 支持 S7200 的内部数据 V 区的采集和下送,支持的格式包括位、字节、16 位无(有)符号整型、32 位无(有)符号整型(浮点)等多种形式,2.6 增加了 I \ Q 等区域。

12.问:力控是否支持 S7200 的自由口通信,拨号控制时如何通信?

答:力控支持 S7200 的自由口通信,建议采用 MODUBUS 方式进行通信,拨号控制时用 STEP7 配置拨号连通后再启动力控即可。

13.问:力控是否支持 PROFIBUS 的通信?

答:力控采用调用 SIMENS 的 PROFIBUS 的 PC 卡 DLL 库的方式来和 PROFIBUS 总线上的设备进行通信,只要具备 SIMENS 的 SOFTNET 的软件就可以进行通信。

14.问:当力控通过 PC adapter 与 S7 系列的 MPI 通信时,是否提供相应的驱动软件?

答:力控的产品支持 MPI 的一切通信,包括 S7 – 300, S7 – 400,不论是否通过 PC adapter。

15. 问：有 3 套 S7－300 控制系统，每套的 cpu314 与 TP27 触摸屏已用 MPI 单独连接，现拟使用力控采集这 3 套系统的数据，生成报表，请问能否实现，如何联网？

答：MPI 用于连接例如编程装置的 CPU 接口，被称之为多点接口。使用 MPI，可以不用附加模板就能网络化。在 MPI 网络上能连接多达 32 个节点，其中可连接的设备包括编程装置（编程器 PG/个人计算机 PC）、操作员接口系统（操作员面板 OP）、S7－300 可编程控制器、M7 控制器、C7 控制器。根据问题提供的情况，可以搭建一个 MPI 网络，网络结构可以有多种。

16. 问：通过 MPI（RS485）与西门子 S7－300、S7－400 系列 PLC 联系时，在不需要中继器时，最远可以传输多少距离？

答：一个 MPI 网络里，不加 RS485 中继器，最大的铺设距离是 50 米。

17. 问：力控支持 FX 系列的哪些方式通信？

答：力控支持编程口和串口的通信，目前的通信支持的商业版本适应于力控 2.0 的改进版本，不适合早期发行的版本（如书籍所带光盘）。

18. 问：力控支持 A 系列的哪些方式通信？

答：力控支持协议一和四的三菱串口通信方式，用户组态时根据需要可按照通信模块的设置进行选择。

19. 问：思博 PLC 是如何进行通信的？

答：力控是调用思博提供的 PG4 的动态连接库来进行的，由于思博 PLC 的驱动软件不断升级，因此，使用时要安装最新的驱动 DLL 才可以，另外支持的通信方式有 S－BUS 和点对点方式。

20. 问：两个人同时在做力控组态，现在需要将两个力控的组态连接成一个，包括窗口、变量、与下位机的变量连接等等，如何实现？

答：可以使用开发系统 Draw 中的"引入工程"，来实现上述功能。

21. 问：在用力控进行 Web 发布时，提示端口地址 80 被占用。如何解决此类问题？

答：力控软件 Web Server 通过地址 80 口进行网页发布。如果发生上述冲突，将计算机"控制面板"→"管理工具项"下的服务中与 Web 相关内容禁止或关闭即可。

22. 问：Web 发布常见问题有哪些？

答：（1）Web 服务器配置；

（2）Web 根目录设置必须为工程的目录，不能为其他目录；

（3）初始画面必须设置正确；

（4）服务器 IP 必须正确，必须为本机 IP；

（5）如想把所有窗口都发布，要选文件下的"全部关闭"按钮，然后选择"全部发布到 Web"把所有窗口选中后确定即可，要设置 IE 里的安全级别，"工具"→"Internet 选项"→"安全标签"→"自定义级别"下面的选项全启用。

23. 问：如何修改力控数据库保存历史参数的时间？

答：使用力控实时数据库工程管理器 DbManager"工程"→"数据库参数"进行"历史数

据保存时间"的设置即可。

24.问:在组态时,没有组态串口数据源,可是进入运行后,为什么 SCOMServer 能自动运行起来呢?

答:一些组件程序如 SCOMServer、NetServer、TelServer 等,除了在组态时组态上内容后,运行时将自动运行外,在数据库组态 DbManager 数据库参数对话框中,如果相应的程序被选中,即使没有组态上该内容,运行时也会运行相应的程序。去除相应的选择即可禁止相应程序的运行。

25.问:关于数据库组态 DbManager 配置菜单的参数配置项的问题,当和 Excel 采用 DDE 方式通信时,为什么总是提示数据连接方面的问题?

答:这是因为第三方服务程序在反应速度上无法实现与 DB 同步,如果使用 DDE 通信方式,最好在数据库组态 DbManager 数据库参数中的配置里,选择"使用异步 DDE 方式"即可解决。

26.问:如果组态的画面中,有的画面需要对用户进行限制访问权限,如何来实现?

答:组态时,在 Draw 窗口中的"特殊功能"栏的"用户组态"中,组态不同级别的用户及相应用户口令。在需要设置浏览权限的画面窗口动作脚本定义中,进入窗口时,判断 $userlevel 值,当该值小于某个数时(0,1,2,3),关闭该窗口。只有以高级别的用户名义登录( $userlevel > ?)时,才可以访问该窗口。注意登录后,用完该窗口要注销,对该窗口的保护才继续起作用。

27.问:有 PV 参数的变量与没有 PV 参数的变量有何区别,应该怎么定义变量?

答:一般来说,有 PV 参数的变量都为数据库变量,而且是可以做 IO 连接项的变量,一般有 IO 连接时都定义有 PV 参数的变量,也就是在数据库组态里定义的变量。而在导航栏里的变量下定义的数据库变量是有报警参数的变量,它可以表示某一个 IO 或某个区域、单元、子单元、组的报警状态。

28.问:力控如何与关系数据库(Access、FoxPro、ExcelXLS 文件、SQL Server、Sybase、Oracle 等)进行互联?

答:力控提供的 ODBC 可实现以上功能。使用力控"工具组件"→"ODBCGate"可实现历史实时数据的转储,也可以实现数据远程网络连接。

29.问:历史趋势如何做到在运行后,可以根据需要选择数据库点与时间?

答:在历史趋势组态时选择双击位号时间设置框。

30.问:默认的历史趋势只能组 8 个变量,如何显示其他变量?

答:在特殊功能下的位号组里,定义好几组位号组,然后用 ChangeGroup( )就可以动态切换了。

31.问:在使用万能报表时,如果将两个或多个单元格合并后,在 View 运行窗口中显示已经没有合并后的单元格内的边框线,但打印出来的报表又显示出来了,如何才能去掉这些边线?

答:在力控开发系统的导航器下将"配置"→"系统参数"的"黑白打印"取消即可。

32.问:做历史报表组态的时候,在"一般"中的"起始时间",选择"打印时刻决定于打印时间"一项时,确定"时间"的"范围"为 1 分,"间隔"为 1 秒的时候,运行后在 View 窗口中看到所对应的时间,比如 14:00:00 时刻的值与实际值不完全对应,这是为什么? 是否历史报表中的历史数据有错误?

答:历史库中的数据并没有错误。只不过因为取历史数据太频繁,而且是选择"打印时刻决定于打印时间"一项,使得历史库处理数据时无法确定从具体的哪一时间对应的点开始提取,就近算得的平均值已经不是该点在该历史时刻的值,而有可能是 14:00:00 后的几毫秒时刻的值。正确使用报表的办法是尽量选择"指定起始时刻"一项。

33.问:在做报表的时候,如果不根据时间采样,而是根据某种条件,比如,根据 PLC 上的某个开关量的状态,当该点状态为 ON 时,才采集记录相应的变量值,该如何来实现?

答:可以用力控的 SQL(结构化数据查询)表格功能建立表格,然后进行数据表绑定,使得表中的字段与数据变量建立对应关系。在建立表格的时候,通过"过滤器设定"功能,设定记录形成的条件,就可以实现以上报表了。

34.问:万能报表里的数据能不能居中显示?

答:在万能报表的最上面一栏里的 00.00 处前面的 00 里再加相应位数的 0,如 0000.00 即可。注意:前面 0 的位数一定要大于等于真实数据整数位的个数。

35.问:怎样把报警或者事件信息导出到数据库里?

答:在力控的导航栏里的配置下有相应的报警记录与事件记录的导出。配置好数据源后,即可把报警记录或事件记录导出到数据库中。

36.问:怎样产生声音报警?

答:在发生报警时间时,调用 BEEP(　　)函数或 PLAYSOUND(　　)函数。

37.问:报警后,报警信息能否通过手机发送短消息?

答:可以利用力控里的西门子的 MC35 驱动来发送报警信息到指定的手机上。机器上必须接一个 MC35 模块。

38.问:如何用力控启动一个应用程序或打开任意网站?

答:语法:StartApp(AppName)

说明:启动一应用程序,或打开指定的文件。

参数:应用程序的名字和路径由 AppName 指定。

如果要在 Web 上启动某一程序或打开文档,必须手工将程序或文档复制到应用下的 Http 子目录中。返回值为应用程序标识,可以通过该标识向启动的程序发信,也可以关闭该应用程序。

示例:

① AppID = StartApp("c:\windows\write.exe") //启动画笔程序

SendMessage(AppID, 273, 10001,0);//向用户发送消息

StopApp(AppID);//关闭程序

② StartApp("MyPage.Htm");

③ StartApp("MyDoc.Doc");

如果想打开一个网页可以用如下脚本：

StartApp("http://www.sunwayland.com.cn");

39.问：周期动作的脚本的长度不够怎么办？

答：可以把周期动作的脚本分成其他动作、如条件动作、数据改变动作等。

40.问：如何实现数值增大与高度尺寸动画连接的控制？（例如，灯光等吊杆在上升时，相对应的牵引绳会同步缩短。）

答：尺寸高度变化的动画连接，最大值时填充为0%，最小值时填充100%，可实现倒置填充。

41.问：在修改子图精灵的文本和颜色后，为何不能添加变量？在双击后提示"没有可替换的变量"，如何才能实现子图文本和颜色的修改？

答：如果用带有颜色的矩形框修改颜色，会发现在运行时无法实现动画的颜色变化。为实现用户想要的子图精灵的文本和颜色，只需双击子图先将变量添加到"变量名"中，然后将子图进行"拆开单元"操作，对文本和颜色修改后将整体再重新进行"打成单元"的操作即可。

注意：在"拆开单元"前一定要先将变量添加进来，否则会出现上面提到的问题！

42.问：在力控画面上进行文本录入的时候，如果文字量很大，使用工具箱中的"I"进行文本输入，不可以换行，每行一个文本对象，太麻烦了，有没有别的办法？

答：当然有别的文本输入办法，可以使用控件的办法。进入"Draw"→"绘图"→"Windows控件"→"文本编辑框"，可以输入多个文字，自动换行处理。

43.问：为什么运行程序在运行时，即使下设数据成功，也总是在窗口上方有提示框？

答：这是因为在数据库组态DbManager中的"工程"→"数据库参数"里，"外部连接状态提示"被选中的结果，撤消选择就看不到提示了。

44.问：为什么与研华的ADAM4000系列无法通信？

答：力控支持全系列研华板卡，组态时要安装研华的驱动程序（DLL），并且用研华的软件进行相关的配置，然后利用力控的驱动程序进行相关的配置，力控2.6的研华驱动解决了2.0的一些问题，比如修改、存储等缺点，通信是否正常主要看状态栏的提示。

45.问：为什么与研华的ADAM5000系列无法通信？

答：将ADAM研华驱动的TIMEOUT参数改大一些，因为在干扰较大的情况下，研华产品的通信速度反应不过来，需要将超时参数设置大一些。研华软件的缺省设置为80MS，另外，其他设置参数需要用研华的专用工具进行设置，例如，FSR代表%。

# 附录2　力控®脚本属性字段清单

在运行时，可以动态改变对象属性字段的值来改变其属性。一个属性字段对应一种或几种图形对象的动态/静态特征。属性字段的引用格式为"对象名.字段名"。当在对象脚本中引用对象本身属性字段时，可以用"This"代表对象本身，即"This.字段名"。力控®脚本属性字段清单如下：

### Area _ No

| | |
|---|---|
| 数值类型 | 整型 |
| 应用对象 | 报警或总貌 |
| 说明 | 用于动态改变报警记录区域 |
| 备注 | 取值范围:0~30 |

### CurLine

| | |
|---|---|
| 数值类型 | 整型 |
| 应用对象 | 总貌 |
| 说明 | 当前画面中第一个记录的序号 |
| 备注 | 取值范围:0~32767 |
| 示例 | This. CurLine = This. CurLine + 10;上滚 10 行 |

### Decimal

| | |
|---|---|
| 数值类型 | 整型 |
| 应用对象 | 文本、按钮 |
| 说明 | 设置数值显示的小数位数 |
| 备注 | 取值范围:0~6 |
| 示例 | This. Decimal = 3;将小数位数置为 3 位 |

### FColor

| | |
|---|---|
| 数值类型 | 整型 |
| 应用对象 | 填充图形对象 |
| 说明 | 设置图形对象的填充颜色 |
| 备注 | 取值范围:0~255,颜色值即为调色板的颜色索引编号 |

### IFColor

| | |
|---|---|
| 数值类型 | 整型 |
| 应用对象 | 填充图形对象 |
| 说明 | 目标填充色的初始索引号 |
| 备注 | 取值范围:0~255,颜色值即为调色板的颜色索引编号 |

### ILColor

| | |
|---|---|
| 数值类型 | 整型 |
| 应用对象 | 有边线的图形对象 |
| 说明 | 目标边线的初始颜色的索引号 |
| 备注 | 取值范围:0~255,颜色值即为调色板的颜色索引编号 |

### ITColor

| 数值类型 | 整型 |
|---|---|
| 应用对象 | 文本 |
| 说明 | 文本目标前景色的初始索引号 |
| 备注 | 取值范围:0~255,颜色值即为调色板的颜色索引编号 |

### IX

| 数值类型 | 整型 |
|---|---|
| 应用对象 | 所有图形对象 |
| 说明 | 目标水平方向的初始位置(以像素为单位) |
| 备注 | 取值范围: -32767~32767 |

### IY

| 数值类型 | 整型 |
|---|---|
| 应用对象 | 所有图形对象 |
| 说明 | 目标垂直方向的初始位置(以像素为单位) |
| 备注 | 取值范围: -32767~32767 |

### IColor

| 数值类型 | 整型 |
|---|---|
| 应用对象 | 有边线的图形对象 |
| 说明 | 设置图形对象的边线颜色 |
| 备注 | 取值范围:0~255,颜色值即为调色板的颜色索引编号 |

### Off _ Day

| 数值类型 | 整型 |
|---|---|
| 应用对象 | 报警、历史报表 |
| 说明 | 对于报警,表示当前显示的为哪一天报警记录。0表示当天,1表示前一天,2表示前两天等。对于历史报表,使用它可以天为单位改变开始时间。Off _ Day 是前后滚动的天数,增大向前翻滚,减小向后翻滚 |
| 备注 | 报警取值范围:0~31。历史报表取值范围:0~365 |
| 示例 | 例如对于历史报表,若现在为 8 日:This. Off _ Day = This. Off _ Day - 1;Off _ Day 改变后,历史报表开始时间将为 7 日 |

### Off _ Hour

| 数值类型 | 整型 |
|---|---|
| 应用对象 | 历史报表 |
| 说明 | 使用它可以小时为单位改变开始时间。Off _ Hour 是前后滚动的小时数,增大向前翻滚,减小向后翻滚。0表示当前,1表示前 1 h,2表示前 2 h,等等 |
| 备注 | 取值范围:0~65535 |
| 示例 | 若现在为 8 点:This. Off _ Hour = This. Off _ Hour - 1;Off _ Hour 改变后开始时间将为 7 点 |

**Page**

| 数值类型 | 整型 |
|---|---|
| 应用对象 | 历史报表 |
| 说明 | 可通过该变量前后翻页。Page 增大向前滚动,Page 减小向后翻滚 |
| 备注 | 取值范围:0～65535 |
| 示例 | This.Page = This.Page + 1;向后翻页 |

**ScaleNum**

| 数值类型 | 整型 |
|---|---|
| 应用对象 | 刻度条 |
| 说明 | 刻度条的刻度数目 |

**Tag1～Tag8**

| 数值类型 | 字符型 |
|---|---|
| 应用对象 | 趋势、历史报表 |
| 说明 | 用于趋势对象和历史报表,可通过该变量的赋值来改变趋势笔或历史报表中的位号。Tag1～Tag8 分别对应趋势中的 8 支笔或历史报表中前 8 个位号 |
| 示例 | This.Tag1 = "LIC504.PV";将趋势对象中的第一笔或历史报表中第一个位号设置为"LIC504.PV" |

**TR_BTim**

| 数值类型 | 整型 |
|---|---|
| 应用对象 | 趋势 |
| 说明 | 趋势时间轴开始时刻 |
| 备注 | 时间格式:YY/MM/DD hh:mm:ss<br>　YY:年,取值范围为 1970～2037;　　MM:月,取值范围为 1～12;<br>　DD:日,取值范围为 1～31;　　　　hh:时,取值范围为 0～23;<br>　mm:分,取值范围为 0～59;　　　　ss:秒,取值范围为 0～59; |

**TR_EUHI**

| 数值类型 | 实型 |
|---|---|
| 应用对象 | 趋势 |
| 说明 | 变量的量程高限 |

**TR-EULO**

| 数值类型 | 实型 |
|---|---|
| 应用对象 | 趋势 |
| 说明 | 变量的量程高限 |

### TR _ His

| 数值类型 | 实型 |
|---|---|
| 应用对象 | 趋势 |
| 说明 | 系统保留 |

### TR _ OffX

| 数值类型 | 实型 |
|---|---|
| 应用对象 | 趋势 |
| 说明 | 时间轴偏置系数 |
| 备注 | 取值范围:0.000 1~100 |

### TR _ OffY

| 数值类型 | 实型 |
|---|---|
| 应用对象 | 趋势 |
| 说明 | 数值轴偏置系数 |
| 备注 | 取值范围:0.000 1~100 |

### TR _ SCX

| 数值类型 | 实型 |
|---|---|
| 应用对象 | 趋势 |
| 说明 | 时间坐标轴放大系数 |
| 备注 | 取值范围:0.000 1~100 |

### TR _ SCY

| 数值类型 | 实型 |
|---|---|
| 应用对象 | 趋势 |
| 说明 | 数值坐标轴放大系数 |
| 备注 | 取值范围:0.000 1~100 |

### TR _ SPAN

| 数值类型 | 整型 |
|---|---|
| 应用对象 | 趋势 |
| 说明 | 时间轴长度 |
| 备注 | 时间格式:YY/MM/DD hh:mm:ss<br>YY:年,取值范围为1970~2037;　　MM:月,取值范围为1~12;<br>DD:日,取值范围为1~31;　　　　hh:时,取值范围为0~23;<br>mm:分,取值范围为0~59;　　　　ss:秒,取值范围为0~59 |

### TR _ STOP

| 数值类型 | 整型 |
|---|---|
| 应用对象 | 趋势 |
| 说明 | 禁止或允许趋势更新 |
| 备注 | 取值范围:0/1(0:允许;1:禁止) |

### TR _ Time

| 数值类型 | 字符型 |
|---|---|
| 应用对象 | 趋势 |
| 说明 | 游标处的时间 |
| 备注 | 时间格式:hh:mm:ss<br>hh:时,取值范围为 0～23;　　　mm:分,取值范围为 0～59;<br>ss:秒,取值范围为 0～59 |

### TR _ Vall ～ TR _ Val8

| 数值类型 | 字符型 |
|---|---|
| 应用对象 | 趋势 |
| 说明 | 分别为第 1 到第 8 支趋势曲线在游标处的值 |

### Unit _ No

| 数值类型 | 整型 |
|---|---|
| 应用对象 | 总貌 |
| 说明 | 可以使用该量动态改变单元号 |
| 备注 | 取值范围:0～99 |
| 示例 | 示例:This.Unit _ No = 1;显示第一单元 |

### Update

| 数值类型 | 整型 |
|---|---|
| 应用对象 | 历史报表 |
| 说明 | 可通过对该变量的赋值来更新数据 |
| 示例 | This.Update = 1;更新数据 |

### X

| 数值类型 | 整型 |
|---|---|
| 应用对象 | 所有图形对象 |
| 说明 | 对象水平方向坐标(以像素为单位) |
| 备注 | 取值范围: - 32767～32767 |

Y

| 数值类型 | 整型 |
|---|---|
| 应用对象 | 所有图形对象 |
| 说明 | 对象垂直方向坐标(以像素为单位) |
| 备注 | 取值范围: − 32767 ~ 32767 |

# 附录3　力控实时数据库预定义点类型参数结构清单

在实时数据库 DB 中,用户操纵的对象是点,系统以点参数为单位存放各种信息。点存放在实时数据库的点名字典中。实时数据库根据点名字典决定数据库的结构,分配数据库的存储空间。用户在点名组态时定义点名字典中的点。

在点名字典中,每个点都包含若干参数。一个点可以包含一些系统预定义标准点参数,还可包含若干个用户自定义参数。

用户引用点与参数的形式为"点名.参数名"。如"Tag1.DESC"表示点 Tag1 的点描述。

一个点可以包含任意个用户自定义参数,也可以只包含标准点参数没有用户自定义参数。用户自定义参数在一个 Tag 点中必须有一个惟一的名称。用户自定义参数在定义点类型时确定。

下面是所有预定义的标准点参数。

ACK

| 说明 | 报警确认标志 |
|---|---|
| 数据类型 | 离散型,数值范围:0、1 |
| 备注 | 0:当前报警未确认;1:当前报警已确认 |

ALARMDELAY

| 说明 | 报警延时时间 |
|---|---|
| 数据类型 | 整型,数值范围:大于等于 0,以毫秒为单位 |

ALARMPR

| 说明 | 状态异常报警优先级 |
|---|---|
| 数据类型 | 整型,数值范围:0 ~ 3 |
| 备注 | ALARMPR 的不同取值分别代表状态异常报警优先级的不同级别。0:无动作,即不生成报警记录;1:低级;2:高级;3:紧急报警 |

ALM

| 说明 | 报警标志 |
|---|---|
| 数据类型 | 只读离散型,数值范围:0、1 |
| 备注 | 0:目前是报警状态;1:目前不是报警状态 |

**ALMENAB**

| 说明 | 报警开关 |
|------|----------|
| 数据类型 | 整型,数值范围:0~1 |
| 备注 | ALMENAB 的不同取值分别代表报警开关的 2 种状态。0:禁止生成报警记录;1:允许生成报警记录 |

**BETA**

| 说明 | PID 节点的积分分离阈值 |
|------|----------|
| 数据类型 | 实型 |
| 备注 | 当选择增量式算法时,积分分离阈值在最大输出值与最小输出值之间;<br>当选择位置式算法时,可以有任意大于 0 的积分分离阈值;<br>当选择微分先行法时,无积分分离阈值 |

**BADPVPR**

| 说明 | 坏 PV 过程值报警优先级 |
|------|----------|
| 数据类型 | 整型,数值范围:0~3 |
| 备注 | BADPVPR 的不同取值分别代表坏 PV 过程值报警优先级的不同级别。0:无动作,即不关心该类型报警,也不生成报警记录;1:低级;2:高级;3:紧急报警 |

**COMPEN**

| 说明 | PID 是否补偿 |
|------|----------|
| 数据类型 | 整型 |

**CYCLE**

| 说明 | PID 节点的控制周期 |
|------|----------|
| 数据类型 | 实型 |

**D**

| 说明 | PID 控制中的 D 参数,即微分常数 |
|------|----------|
| 数据类型 | 实型,数值范围:0~100 000 |

**DEADBAND**

| 说明 | 报警死区设定值 |
|------|----------|
| 数据类型 | 实型,数值范围:大于等于 0 |
| 备注 | 当报警发生后,重新回到正常状态的不敏感区 |

**DESC**

| 说明 | 点的描述 |
|------|----------|
| 数据类型 | 字符型,长度为 32 |
| 备注 | 描述字符可以是任何字母,数字,汉字及标点符号 |

### DEV

| | |
|---|---|
| 说明 | 偏差报警限值 |
| 数据类型 | 实型,数值范围:大于等于0 |
| 备注 | 偏差为 PV 相对 SP 的差值,即当前测量值与设定值的差。偏差大于 DEV 时产生报警 |

### DEVPR

| | |
|---|---|
| 说明 | 偏差报警优先级 |
| 数据类型 | 整型,数值范围:0~3 |
| 备注 | DEVPR 的不同取值分别代表偏差报警优先级的不同级别。0:无动作,即不关心该类型报警,不生成报警记录;1:低级;2:高级;3:紧急报警 |

### DIRECTION

| | |
|---|---|
| 说明 | PID 正反动作 |
| 数据类型 | 整型,数值范围:0~1。0:正动作;1:反动作 |

### EU

| | |
|---|---|
| 说明 | 工程单位 |
| 数据类型 | 字符型,16位长度 |
| 备注 | 工程单位描述符,描述符可以是任何字母、数字、汉字及标点符号。如 kg/h、MPa |

### EUHI

| | |
|---|---|
| 说明 | 工程单位上限 |
| 数据类型 | 实型 |
| 备注 | 工程单位上限就是测量值的量程高限 |

### EULO

| | |
|---|---|
| 说明 | 工程单位下限 |
| 数据类型 | 实型 |
| 备注 | 工程单位下限就是测量值的量程低限 |

### FILTER

| | |
|---|---|
| 说明 | 小信号切除限值 |
| 数据类型 | 实型 |

### FILTERFL

| | |
|---|---|
| 说明 | 小信号切除开关 |
| 数据类型 | 整型,数值范围:0~1 |
| 备注 | FILTERFL 的不同取值分别代表小信号切除开关的2种状态。0:禁止小信号切除处理;1:允许小信号切除处理 |

## FORMAT

| 说明 | 小数点位数 |
|------|------------|
| 数据类型 | 整型,数值范围:0~6 |

## FORMULA

| 说明 | PID 的算法种类 |
|------|----------------|
| 数据类型 | 整型,数值范围:大于等于 0 |
| 备注 | 可以有以下 3 种 PID 的算法类型。0 位置式;1 增量式;2 微分先行式 |

## HH

| 说明 | 报警高限 |
|------|----------|
| 数据类型 | 实型,数值范围:处于 HI 和 EUHI 之间 |
| 备注 | 报警高限的优先级 HHPR 不低于低级时,该项才起作用 |

## HHPR

| 说明 | 报警高高限优先级 |
|------|------------------|
| 数据类型 | 整型,数值范围:0~3 |
| 备注 | HHPR 的不同取值分别代表报警高高限优先级的不同级别。0:无动作,即不关心该类型报警,不生成报警记录;1:低级;2:高级;3:紧急报警 |

## HI

| 说明 | 报警高限 |
|------|----------|
| 数据类型 | 实型,数值范围:处于 LO 和 HI 之间 |
| 备注 | 报警高限的优先级 HIPR 不低于低级时,该项才起作用 |

## HIPR

| 说明 | 报警高限优先级 |
|------|----------------|
| 数据类型 | 整型,数值范围:0~3 |
| 备注 | HHPR 的不同取值分别代表报警高限优先级的不同级别。0:无动作,即不关心该类型报警,不生成报警记录;1:低级;2:高级;3:紧急报警 |

## I

| 说明 | PID 控制中的 I 参数,即积分常数 |
|------|--------------------------------|
| 数据类型 | 实型,数值范围:0~100 000 |

## KIND

| 说明 | 点的类型 |
|------|----------|
| 数据类型 | 只读整型 |
| 备注 | KIND 的不同取值分别代表的点类型为 0:模拟 I/O 点;1:数字 I/O 点;2:累计点;3:控制点;4:运算点;>4:自定义点类型。该参数为系统保留参数,用户可以不必关心 |

### KLAG

| 说明 | PID 纯滞后补偿的比例系数 |
|---|---|
| 数据类型 | 实型,数值范围:大于 0 |

### LAG

| 说明 | PID 是否有纯滞后补偿 |
|---|---|
| 数据类型 | 整型 |

### LASTPV

| 说明 | 上一个过程测量值 |
|---|---|
| 数据类型 | 只读实型,数值范围:正常情况处在 EULO 和 EUHI 之间 |

### LASTTOTAL

| 说明 | 累计值被清 0 前的值 |
|---|---|
| 数据类型 | 实型 |

### LL

| 说明 | 报警低低限 |
|---|---|
| 数据类型 | 实型,数值范围:处于 EULO 和 LO 之间 |
| 备注 | 报警低低限的优先级 LLPR 不低于低级时,该项才起作用 |

### LLPR

| 说明 | 报警低低限优先级 |
|---|---|
| 数据类型 | 整型,数值范围:0~3 |
| 备注 | LLPR 的不同取值分别代表报警低低限优先级的不同级别。0:无动作,即不关心该类型报警,不生成报警记录;1:低级;2:高级;3:紧急报警 |

### LO

| 说明 | 报警低限 |
|---|---|
| 数据类型 | 实型,数值范围:处于 LL 和 HI 之间 |
| 备注 | 报警低限的优先级 LOPR 不低于低级时,该项才起作用 |

### LOPR

| 说明 | 报警低限优先级 |
|---|---|
| 数据类型 | 整型,数值范围:0~3 |
| 备注 | LOPR 的不同取值分别代表报警低低限优先级的不同级别。0:无动作,即不关心该类型报警,不生成报警记录;1:低级;2:高级;3:紧急报警 |

## MODE

| 说明 | PID 控制方式 |
| --- | --- |
| 数据类型 | 整型,数值范围:0~2 |
| 备注 | MODE 的不同取值分别代表的 PID 控制方式为 0:自动;1:手动;2:串级 |

## NAME

| 说明 | 点的名称 |
| --- | --- |
| 数据类型 | 只读字符型,16 位长度 |
| 备注 | 可以是任何字母,数字以及 $ 、# 等符号,不能含有标点符号以及汉字。每个点都必须有该参数 |

## NORMALVAL

| 说明 | 正常状态值 |
| --- | --- |
| 数据类型 | 整型,数据范围:0~1 |

## OFFMES

| 说明 | 处于关(OFF)状态时的信息 |
| --- | --- |
| 数据类型 | 字符型,16 位长度 |
| 备注 | 点的说明,说明符可以是任何字母、数字、汉字及标点符号 |

## ONMES

| 说明 | 处于开(ON)状态时的信息 |
| --- | --- |
| 数据类型 | 字符型,16 位长度 |
| 备注 | 点的说明,说明符可以是任何字母、数字、汉字及标点符号 |

## OP

| 说明 | 模拟输出值 |
| --- | --- |
| 数据类型 | 实型,数值范围:0~100 |

## OPCODE

| 说明 | 操作码 |
| --- | --- |
| 数据类型 | 整型,数值范围:大于等于 0 |
| 备注 | OPCODE 的不同取值分别代表不同的操作码。0:加;1:减;2:乘;3:除;4:开方;5:求余;6:大于;7:小于;8:等于;9:大于等于;10:小于等于;11:与;12:或;13:取反;14:异或 |

## P

| 说明 | PID 控制中的 P 参数,即比例常数 |
| --- | --- |
| 数据类型 | 实型,数值范围:0~100 000 |

P1

| 说明 | 运算点的第一参数 |
|------|------------------|
| 数据类型 | 实型 |

P2

| 说明 | 运算点的第二参数 |
|------|------------------|
| 数据类型 | 实型 |

PV

| 说明 | 过程测量值 |
|------|------------|
| 数据类型 | 只读实型,数值范围:正常情况处在 EULO 和 EUHI 之间 |
| 备注 | 对于模拟量,其值用工程单位表示,即量程变换以后的数值,如,80 kg/h。经量程变换处理后的 PV 值计算公式为<br>$PV = EULO + (PVRAW - PVRAWLO) * (EUHI - EULO)/(PVRAWHI - PVRAWLO)$ |

PVP

| 说明 | 量程百分比 |
|------|------------|
| 数据类型 | 只读实型,数值范围:正常范围为 0 ~ 100 |
| 备注 | 量程百分比即为测量值与量程的比值。算法为 $PV/(EUHI - EULO) * 100$ |

PVRAW

| 说明 | 原始过程测量值 |
|------|----------------|
| 数据类型 | 只读实型,数值范围:正常情况处在 PVRAWLO 和 PVRAWHI 之间 |

PVRAWHI

| 说明 | 原始过程测量值上限 |
|------|--------------------|
| 数据类型 | 实型 |
| 备注 | PVRAWHI 的具体值与所接 I/O 设备有关。对于 Omron PLC,DM 区数值范围为 0 ~ 0XFFF,那么该值应为 4095 |

PVRAWLO

| 说明 | 原始过程测量值下限 |
|------|--------------------|
| 数据类型 | 实型 |
| 备注 | PVRAWHI 的具体值与所接 I/O 设备有关。对于 Omron PLC,DM 区数值范围为 0 ~ 0XFFF,那么该值应为 0 |

PVSTAT

| 说明 | 过程测量值状态 |
|------|----------------|
| 数据类型 | 只读整型 |
| 备注 | PVSTAT 的不同取值分别代表的过程值状态。0 表示异常;1 表示正常 |

QUICK

| 说明 | PID 是否动态加速 |
|---|---|
| 数据类型 | 整型 |
| 备注 | 只对增量式算法有效 |

RATE

| 说明 | 变化率报警变化限值 |
|---|---|
| 数据类型 | 实型,数值范围:大于等于 0 |
| 备注 | 变化率限值为该值与变化率周期之比 |

RATECYC

| 说明 | 变化率变化周期 |
|---|---|
| 数据类型 | 整型,数值范围:大于等于 1,以秒为单位 |

RATEPR

| 说明 | 变化率报警优先级 |
|---|---|
| 数据类型 | 整型,数值范围:0 ~ 3 |
| 备注 | RATEPR 的不同取值分别代表变化率报警优先级的级别。0:无动作,即不关心该类型报警,不生成报警记录;1:低级;2:高级;3:紧急报警 |

REDUCE

| 说明 | PID 克服积分饱和的方法 |
|---|---|
| 数据类型 | 整型,数值范围:0 ~ 2 |
| 备注 | 当选择增量式算法时,有 1 种克服饱和算法。0:微分补偿法。当选择位置式算法时,有 3 种克服饱和算法。0:削弱积分法;1:积分分离法;2:有效偏差法;当选择微分先行法时,无克服饱和算法 |

SCALEFL

| 说明 | 量程转换开关 |
|---|---|
| 数据类型 | 整型,数值范围:0 ~ 1 |
| 备注 | SCALEFL 的不同取值分别代表量程转换开关的 2 种状态。0 禁止量程转换;1 允许量程转换 |

SP

| 说明 | 设定值,即控制目标值 |
|---|---|
| 数据类型 | 实型,数值范围:正常情况处在 EULO 和 EUHI 之间 |

STAT

| 说明 | 点的运行状态 |
|---|---|
| 数据类型 | 整型 |
| 备注 | STAT 的不同取值分别代表的点状态为 0:运行;1:停止;2:调校 |

**STATIS**

| 说明 | 生成统计数据控制开关 |
|---|---|
| 数据类型 | 整型,数值范围:0~1 |
| 备注 | STATIS 的不同取值分别代表生成统计数据控制开关的 2 种状态。0:禁止生成统计数据;1:允许生成统计数据 |

**TFILTER**

| 说明 | PID 滤波时间常数 |
|---|---|
| 数据类型 | 实型,数值范围:任意大于 0 的浮点数 |

**TFILTERFL**

| 说明 | PID 是否对输入信号滤波 |
|---|---|
| 数据类型 | 整型,数值范围:0~1 |
| 备注 | 0:不滤波;1:滤波 |

**TLAG**

| 说明 | PIG 滞后补偿的时间常数 |
|---|---|
| 数据类型 | 实型,数值范围:任意大于 0 的浮点数 |
| 备注 | 为 0 时表示没有滞后 |

**TLAGINER**

| 说明 | PID 纯滞后补偿的惯性时间常数 |
|---|---|
| 数据类型 | 实型,数值范围:任意大于 0 的浮点数 |

**TIMEOUTPR**

| 说明 | 人工录入超时报警优先级 |
|---|---|
| 数据类型 | 整型,数值范围:0~3 |
| 备注 | TIMEOUTPR 的值代表人工录入超时报警的优先级。0:无动作,即不关心该类型报警,不生成报警记录;1:低级;2:高级;3:紧急报警 |

**TIMEBASE**

| 说明 | 累积计算的时间基 |
|---|---|
| 数据类型 | 实型,数值范围:大于等于 1 |
| 备注 | 累计增量算式为:测量值/时间基＊时间差。时间差为上次累计计算到现在的时间 |

**TIMEOUT**

| 说明 | 人工录入超时报警限值 |
|---|---|
| 数据类型 | 实型,数值范围:大于等于 0,以秒为单位 |

### TOTAL

| | |
|---|---|
| 说明 | 当前累积值 |
| 数据类型 | 实型,数值范围:大于等于 0 |

### TOTALRESET

| | |
|---|---|
| 说明 | 累积量清零的时间,上次进行清零操作时间 |
| 数据类型 | 字符型 |
| 备注 | 时间格式为 DD hh:mm:ss。DD 表示天;hh 表示小时;mm 表示分钟;ss 表示秒 |

### TOT_RESET

| | |
|---|---|
| 说明 | 累计清零标志开关 |
| 数据类型 | 离散型,数值范围:0、1 |

### TOT_STOP

| | |
|---|---|
| 说明 | 停止累计标志开关 |
| 数据类型 | 离散型,数值范围:0、1 |

### UDMAX

| | |
|---|---|
| 说明 | PID 最大变化率 |
| 数据类型 | 实型 |
| 备注 | 跟执行机构有关,只对增量式算法有效 |

### UMAX

| | |
|---|---|
| 说明 | PID 的输出最大值 |
| 数据类型 | 实型 |
| 备注 | 跟控制对象和执行机构有关,可以是任意大于 0 的值 |

### UMIN

| | |
|---|---|
| 说明 | PID 输出最小值 |
| 数据类型 | 实型 |
| 备注 | 跟控制对象和执行机构有关 |

### UNIT

| | |
|---|---|
| 说明 | 点所在的单位 |
| 数据类型 | 整型,取值范围:0~99 |
| 备注 | 将一个区域中的相关联的点按照操作人员的观点划分为若干个分组,这些分组称为单元 |

### V0

| | |
|---|---|
| 说明 | 控制量的基准 |
| 数据类型 | 实型 |
| 备注 | 控制量的基准,如阀门起始开度、基准电信号等 |

# 参 考 文 献

[1] 马国华.监控组态软件及其应用[M].北京:清华大学出版社,2001.

[2] 北京三维力控科技有限公司[M].力控®用户手册,2004.